与其抱怨
不如感恩

晓媛 编著

煤炭工业出版社
·北京·

图书在版编目（CIP）数据

与其抱怨，不如感恩／晓嫒编著． -- 北京：煤炭工业出版社，2018

ISBN 978-7-5020-6514-0

Ⅰ.①与… Ⅱ.①晓… Ⅲ.①人生哲学—通俗读物 Ⅳ.①B821-49

中国版本图书馆 CIP 数据核字（2018）第 039095 号

与其抱怨 不如感恩

编　　著	晓　嫒
责任编辑	马明仁
封面设计	浩　天
出版发行	煤炭工业出版社（北京市朝阳区芍药居35号　100029）
电　　话	010-84657898（总编室）
	010-64018321（发行部）　010-84657880（读者服务部）
电子信箱	cciph612@126.com
网　　址	www.cciph.com.cn
印　　刷	永清县晔盛亚胶印有限公司
经　　销	全国新华书店
开　　本	880mm×1230mm $^1/_{32}$　印张　$7^1/_2$　字数　200千字
版　　次	2018年5月第1版　2018年5月第1次印刷
社内编号	20180050　　　　　定价　38.80元

版权所有　违者必究

本书如有缺页、倒页、脱页等质量问题，本社负责调换，电话:010-84657880

前　言

　　什么是感恩？"感恩"是个舶来语，"感恩"二字，《牛津字典》给的定义是："乐于把得到好处的感激呈现出来且回馈他人。""感恩"是因为我们生活在这个世界上，一切的一切，包括一草一木都对我们有恩情！

　　"感恩"最初源自基督教教义，是一个宗教意味比较强烈的概念。其本意思是要信徒感谢主（上帝）为了拯救世人所做的牺牲——被钉十字架，感谢主（上帝）的慈爱与宽容，感谢兄弟姐妹的帮助与支持等。基督教要求信徒每天都要向主表示"感恩"，具体内容这里不作赘述。最重要的是终极的"感恩"，也就是宗教层面上的感恩，可以让人获得极大的宽容和仁爱，所以真正的基督徒都是极其宽容和富有爱心的。因此，不难理解，"感恩"必然能够促使人们扩充心灵空间的"内存"，让人们逐渐仁爱、宽容起来，并减少人与人之间的摩擦，化解人与人之间

的矛盾，缩短人与人之间的距离，增强人与人之间的合作。

　　如果我们对生命中所拥有的一切能心存感恩，便能充分体会到人生的快乐、人间的温暖及人生的价值。我们对父母心存感恩，是因为他们给予我们生命，哺育我们健康成人；对兄弟姐妹心存感恩，是因为他们给予我们亲情，让我们在这个尘世间不孤单，知道有人与我们血脉相连；对朋友心存感恩，是因为他们给予我们友爱，让我们在孤寂无助时有地方去倾诉和依赖；对同事心存感恩，是因为他们给予了我们无私的帮助，让我们每天感受温暖。拥有感恩之心的人，即使仰望夜空，也会有一种感动，体会到快乐。

目 录

|第一章|

感恩是一种美德

感恩是一种人生智慧 / 3

感恩既是美德，也是强大的内驱力 / 9

心怀感恩，真诚微笑 / 16

因为感恩，所以幸福 / 21

让感恩成为一种习惯 / 25

因为感恩，所以奉献 / 31

多一点感恩，少一点浮躁 / 38

|第二章|

有一颗感恩的心

拥有一颗感恩的心 / 47

对工作心怀感恩 / 53

胸怀感恩，才能快乐 / 58

感恩是幸福快乐的源头 / 63

做一个懂得感恩的员工 / 70

心存感恩，懂得知足惜福 / 74

感恩，才能多赢 / 79

目 录

|第三章|

停止抱怨，让感恩迎来光明

用感恩之心取代抱怨 / 87

坦然面对工作中的得与失 / 96

与其抱怨，不如感恩 / 104

停止抱怨，让感恩迎来光明 / 111

抱怨会让你失去更多的机会 / 116

心怀感恩，事业将会越来越好 / 121

|第四章|

知足惜福,感恩生命

感恩生命中的一切 / 131

感谢竞争对手 / 136

感恩失败 / 141

原谅伤害你的人 / 146

感恩逆境 / 155

感恩磨难 / 160

懂得感恩,才能成功 / 165

目　录

|第五章|

懂得感恩，负起责任

懂得感恩，才能负起责任 / 171

责任让你变得主动 / 175

承担责任 / 178

工作就是责任 / 180

不再找借口 / 185

最强的能力是责任，最大的动力是感恩 / 188

责任心是一种美德 / 191

|第六章|

珍惜岗位,感恩工作

用对待生命的态度对待工作 / 199

工作是实现梦想的起点 / 207

用感恩的心迎接工作的全部 / 214

对工作心怀感恩 / 220

第一章

感恩是一种美德

第一章 感恩是一种美德

感恩是一种人生智慧

感恩不仅是一种情感，一种人生智慧，更是一种生存哲学，一种人生境界，它是一个人内心深处自然流露出来的一种恻隐之心、一种感恩情怀。

懂得感恩是员工优秀品质的重要体现，有哲人这样说过："人生就是一连串的抉择，每个人的前途与命运，完全把握在自己手中，只要努力，终会有成。"一名懂得感恩的员工有着一种本能的敬业精神、一种认真负责的工作态度，有着脚踏实地的行动，他深深懂得如何感恩于企业。

感恩，对于中华民族来说并不陌生，中国自古以来一直奉

行着知恩图报的为人准则，所以，中国自古就有"滴水之恩，当涌泉相报""投我以木桃，报之以琼瑶"的感恩情愫。

感恩，是一个人的基本修养。一个拥有感恩之心的人，会将他人、社会和自然为自己带来的恩惠和方便在自己的内心深处产生认可，并产生回馈意识。

有一个小男孩生活非常贫困，没有钱交学费，为了攒钱上学，他挨家挨户地推销商品。

一天推销到傍晚的时候，他已经又累又饿，而他推销得却非常不顺利，以致他有些绝望了。这时，他敲开一扇门，希望主人能给他一杯水。开门的是一位美丽的年轻女子，她给了他一杯浓浓的热牛奶，男孩非常感激。

许多年后，男孩成了一位著名的外科大夫。一位患病的妇女，因为病情严重，当地的大夫都束手无策，便被转到了那位著名的外科大夫所在的医院。外科大夫为妇女做完手术后，惊喜地发现那位妇女正是多年前，在他饥寒交迫时，热情地给过他帮助的年轻女子，当年正是那杯热奶使他又充满了信心。

结果，当那位妇女正在为昂贵的手术费发愁时，却在她的手术费单上看到一行字："手术费等于一杯牛奶。"

第一章　感恩是一种美德

感恩是一种生存哲学，一种人生境界，是发自内心的无言的永恒回报，是值得我们用一生去珍视的爱的教育！感恩让我们的生活处处充满阳光，让整个世界沉浸在一种温馨中……

《史记》记载，韩信小时候家中贫寒，父母双亡。他虽然用功读书、拼命习武，然而，挣钱的本事却一点儿也不会。迫不得已，他只好到别人家吃"白食"，为此常遭别人冷眼。韩信咽不下这口气，就来到淮水边垂钓，用鱼换饭吃，经常饥一顿饱一顿。淮水边上有个老奶奶为人家漂洗纱絮，人称"漂母"。她见韩信挨饿挺可怜，就把自己带的饭分一半给他吃。天天如此，从未间断，韩信发誓要报答漂母之恩。韩信被封为"淮阴侯"后对漂母分食之恩始终没忘，派人四处寻找，最后以千金相赠。这就是"一饭千金"成语的来历。

鲁迅说："感谢命运，感谢人民，感谢思想，感谢一切我要感谢的人。"华罗庚说："人家帮我，永志不忘；我帮人家，莫记心上。"

时刻把感恩放在心里，深深感谢别人的帮助，并永远铭记，这是人生一种应有的境界。

著名作家于德北写过这样一则故事：

那是许多年以前的事情。

曾有一段日子,他和妻子的生活陷入了困境。那时,他的工资收入只有72元,妻子没有工作,且已怀孕了八个月。

在朋友们的帮助下,他们开了一个小书店,还请了一个帮工。

她叫阿纯,在一所中专读书。此时,她正好放假,主动要来帮忙,而且执意不要工钱,只想借此机会多读一点儿书。

妻子说,暂时不拿工钱也行,搬过来和他们一起吃住,多少可以节省一点。

阿纯想了想,点头答应了。

阿纯喜欢和妻子背着他说悄悄话。其实,她们的悄悄话大多也只是谈论女人的化妆、穿戴,并没有什么秘密。

阿纯总对妻子说:"商店里有一种百合花布,你用来做连衣裙一定很好看。"

妻子看着一天比一天大的肚子,笑着摇摇头。

阿纯说:"等生完宝宝再穿嘛!"

她说:"不信你去看一看。"

经不住阿纯的一再诱惑,妻子挺着大肚子去商店了。她看到了那种布,淡黄的布面上那高雅洁白的百合花使她怦然心

第一章　感恩是一种美德

动。她在柜台前站了许久，但她的手并没有伸进口袋。她低下头，匆匆地离开商店，一言不发地回家了。

一个下午，妻子也不多说话。

阿纯好像犯了什么错误，不知怎么安慰妻子才好。

做一身连衣裙的布料价钱，等同于他们一个月的生活费，妻子的选择再简单不过了。

妻子说："也许有更好的呢，等孩子生下来再说吧。"

阿纯看看他，轻轻地转过头去。

小书店的生意还不错，因为小店附近有两所学校和一个大工程局，来租书看的人还真不少。收入最多的一天，小小的钱盒里装了17元钱。

一个月的时间过去了，阿纯要回校上课，妻子也要临产了。小书店刚撑起门面，就面临停业了。经过盘点，这一个月，他们竟收入了182元钱！

他和妻子坚持拿出91元钱给阿纯，算她的工钱。阿纯推辞再三，收下了。她小心地把钱装进一个信封，又把信封夹在书里，然后把书放到书包的最里层。

转眼20多天过去了，妻子住进了妇产医院。有一天，他回家取东西，门卫室的大爷交给他一个小包袱，说是一个女孩送来给他妻子的。

妻子打开小包袱，里面是那块美丽的百合花布和一个小手铃。

阿纯在信里说："大姐，我要去秦皇岛基地实习了，这块百合花布是我用自己的'工钱'买来的，送给你，希望你收下。天空灰暗的时候，没有人会发现百合花的美丽，但阳光一出来，满坡的百合花最鲜艳！祝你生一个健康的、又白又胖的宝宝！"

妻子坐在那儿，眼泪一滴一滴地渗入那叠得十分整齐的花布里。

感恩是一种愉悦的智慧，一种积极向上的心态，一种富有的生存哲学，一种高贵的生存境界，它为自己带来欢愉和力量的同时，也带给他人更多的感动、更多的爱！

第一章　感恩是一种美德

感恩既是美德，也是强大的内驱力

你相信吗？感恩能够激发你内在的力量，开发出你的巨大潜能，唤醒你心中沉睡的主人！因为感恩，我们才能不断战胜自我，完成属于我们自己的使命，找回自己的信心，做回自己真正的主人！

工作中，很多人常常发出这样的感慨：

"我真的无法完成这么困难烦琐的工作！"

"我真的不行，我觉得自己做不了领导者！"

"我无法胜任培训师的工作，我害怕在众人面前讲话！"

这些人胆怯，意志薄弱，像一头失去战斗力的公牛，只有

被别人攻击的份儿!

事实真的如此吗?非也!我们每个人都有着自身巨大的能量,一旦被激发,我们的人生也将随之发生改变!

布里奇斯讲过这样一个故事:

每天黄昏的时候,我都会带着小提琴去湖畔的公园散步,然后在夕阳中拉一曲《圣母颂》,或者在迷蒙的暮霭里奏响《冥想曲》,我喜欢在那悠扬婉转的旋律中编织自己美丽的梦想。小提琴让我忘掉世俗的烦恼,把我带入一种田园诗般纯净恬淡的生活中去。

那天中午,我驾车回到花园别墅。刚刚进客厅门,我就听见楼上的卧室里有轻微的响声,那种响声我太熟悉了,是那把阿马提小提琴发出的声音。"有小偷!"我一个箭步冲上楼,果然不出我所料,一个大约12岁的少年正在那里抚摩我的小提琴。那个少年头发蓬乱,脸庞瘦削,不合身的外套鼓鼓囊囊,里面好像塞了某些东西。我一眼瞥见自己放在床头的一双新皮鞋失踪了,看来他是个小偷无疑。我用结实的身躯堵住了少年逃跑的路,这时,我看见他的眼里充满了惶恐和绝望。就在刹那间我突然想起了记忆中那块青色的墓碑,我愤怒的表情顿时

第一章 感恩是一种美德

被微笑所代替，我问道："你是拉姆先生的外甥鲁本吗？我是他的管家，前两天我听拉姆先生说他有一个住在乡下的外甥要来，一定是你了，你和他长得真像啊！"

听见我的话，少年先是一愣，但很快就接腔说："我舅舅出门了吗？我想我还是先出去转转，待会儿再来看他吧。"我点点头，然后问那位正准备将小提琴放下的少年："你很喜欢拉小提琴吗？""是的，但我很穷，买不起。"少年回答。"那我将这把小提琴送给你吧。"我语气平缓地说。少年似乎不相信小提琴是一位管家的，他疑惑地看了我一眼，但还是拿起了小提琴。临出客厅时，他突然看见墙上挂着一张我在悉尼大剧院演出的巨幅彩照，于是不由自主地战栗了一下，然后头也不回地跑远了。我确信那位少年已明白是怎么回事，因为没有哪位主人会用管家的照片来装饰客厅。

那天黄昏，我破例没有去湖畔的公园散步，妻子下班回来后发现了的我这一反常现象，忍不住问道："你心爱的小提琴坏了吗？""哦，没有，我把它送人了。""送人？怎么可能！你把它当成了你生命中不可或缺少的一部分。""亲爱

的,你说得没错。但如果它能够拯救一个迷途的灵魂,我情愿这样做。"妻子并不明白我说的话,我就将当天中午的遭遇告诉了她,然后问道:"你愿意再听我讲述一个故事吗?"妻子迷惑不解地点了点头。"当我还是一个少年的时候,我整天和一帮坏小子混在一起。有一天下午,我从一棵大树上翻身爬进一幢公寓的某户人家,因为我亲眼看见这户人家的主人驾车出去了,这对我来说,正是偷盗的好时机。然而,当我潜入卧室时,我突然发现有一个和我年纪相当的女孩半躺在床上,我一下子怔在那里。那位女孩看见我,起先非常惊恐,但她很快就镇定下来,她微笑着问我:"你是找五楼的劳德先生吗?"我一时不知说什么好,只好机械地点头。这是四楼,你走错了。女孩的笑容甜甜的。我正要趁机溜出门,那位女孩又说:"你能陪我坐一会儿吗?我病了,每天躺在床上非常寂寞,我很想有个人跟我聊聊天。"我鬼使神差地坐了下来。那天下午,我和那位女孩聊得非常开心。最后,在我准备告辞时,她给我拉了一首小提琴曲《希芭女王的舞蹈》。看见我非常喜欢听,她又索性将那把阿马提小提琴送给了我。就在我怀着复杂的心情

第一章 感恩是一种美德

走出公寓、无意中回头看时，我发现那幢公寓楼竟然只有四层，根本就不存在所谓的居住在五楼的劳德先生！也就是说，那位女孩其实早就知道我是一个小偷，她之所以善待我，是因为想体面地维护我的自尊！后来我再去找那位女孩，她的父亲却悲伤地告诉我，患骨癌的她已经病逝了。我在墓园里见到了她青色的墓碑，上面镌刻着一首小诗，其中有一句是这样的："把爱奉献给这个世界，所以我快乐！"

三年后，在墨尔本市高中生的一次音乐竞技中，我应邀担任决赛评委。最后，一名叫梅里特的小提琴选手凭借雄厚的实力夺得了第一名！评判时，我一直觉得梅里特似曾相识，但又想不起在哪里见过。颁奖大会结束后，梅里特拿着一只小提琴匣子跑到我的面前，脸色绯红地问："布里奇斯先生，您还认识我吗？"我摇摇头。"您曾经送过我一把小提琴，我一直珍藏着，直到有了今天！"梅里特热泪盈眶地说，"那时候，几乎每一个人都把我当成垃圾，我也以为我彻底完蛋了，但是您让我在贫穷和苦难中重新拾起了自尊，心中再次燃起了改变逆境的熊熊烈火！今天，我可以无愧地将这把小提琴还给您

了……"

梅里特含泪打开琴匣，我一眼瞥见自己的那把阿马提小提琴正静静地躺在里面。梅里特走上前紧紧地搂住了我，三年前的那一幕顿时重现在我的眼前，原来他就是"拉姆先生的外甥鲁本"！我的眼睛湿润了，仿佛又听见那位女孩凄美的小提琴曲，但她永远都不会意识到，她的纯真和善良曾经是怎样震颤了两位迷途少年的心弦，让他们重树生命的信念！

感恩的心，让两位年轻人开启了自己的人生，重新燃起对生活的无限希望，找回了自己的自尊和自信，并最终获得了事业上的成功！

在工作上，如果我们每个人都带着一份感恩的心，那么，你离升职加薪，最大化地实现自我价值还远吗？

工作，不仅仅是我们个人谋生的手段，更是我们挥洒泪水，使我们能够激情奋斗，施展自己才能的舞台！在工作中，践行感恩精神，感恩你的工作，感恩你的领导，感恩你的同事，你会发现，你的内心总是充满着力量，那是爱的力量，那是感恩的力量！有了感恩的心，任何困难烦琐的工作都将变得简单；有了感恩之心，你会在工作上不断努力，钻研，感激企

第一章　感恩是一种美德

业对你的栽培，你的个人潜能将会得到无限释放；有了感恩之心，你会时时处处想着工作，你的工作效率和工作质量也会得到大幅度提升；有了感恩之心，你会耐心解决工作中出现的问题，不再为客户的挑剔而埋怨，而是更加积极地着手解决问题！一个在工作上践行感恩精神的员工，不仅激发了自己内在的力量，大大提升了自己，也为企业做出了很好的成绩，赢得了声誉，创造了利润，使个人和企业获得了双丰收！

没有哪个企业喜欢不懂得感恩的员工！一个不懂得感恩的员工组成的企业也一定不会长久！

感恩，能够激发员工巨大的工作热情，让员工从内心全心全意地为公司着想，全力以赴地为公司做事！感恩，是每一个企业所必不可少的一种文化！

做一个感恩之人吧，它开启了我们的心灵宝库，打开了我们的智慧密码，是我们的财富之源。让我们在工作中创造出个人的巨大价值，开创出属于自己的一片天地，成为职场的一棵常青树！

心怀感恩，真诚微笑

每个人都喜欢笑脸，即使忧郁、沉闷的人，他们也不喜欢和整天绷着面孔的人打交道。

微笑是感恩的一种体现，微笑因感恩的心而绽放。

世界上最美的表情莫过于发自内心的微笑，那是一个人内在世界的完美体现，是对他人的一种尊敬，更能促进人与人之间完美的沟通与交流。

在工作中，一个常常微笑的人总是能够赢得同事的亲近、老板的器重、客户的喜爱，甚至有的人，因为微笑获得了很好的职位、不错的业绩！为什么会这样？和这些人相处久了，你

第一章　感恩是一种美德

会发现，因为这些脸上常常带着微笑的人内心往往有着一颗善良而懂得感恩的心，他们对任何人都心怀感激，热爱自己的工作，善待自己的客户，做事勤勤恳恳，这样的人哪一个老板会不喜欢呢？哪一个人不愿意和这样的人打交道呢？

微笑是能够传播到声音的。当你微笑着接听电话的时候，对方是能够感受到的。时常微笑，你的心情也会渐渐放松，从而给自己一个很好的心理状态。

有人说，哪有那么多高兴的事情让我笑？发自内心的微笑不仅仅是面部肌肉的跳动，它更是一个人内心状态的折射，它反映了一个人内在的心灵世界，是内在心灵的一种修炼。只有真诚的发自内心的微笑才能给人温暖和力量，那些职业性的微笑虽然也很美丽，但是长时间下来对人的身心健康却是不利的。有研究指出，并非发自内心的真实感受，而是由于社会交往、工作的需要，而必须强颜欢笑。把自己愤怒、忧郁等情感隐藏起来，长时间下来，会在人的内心形成一种情感不和谐现象，有心理学家把这种现象称为"微笑抑郁症"。

所以，懂得感恩，感恩的心让你的微笑真诚而美丽。

当你面对客户的时候，客户就是你的上帝，当他有问题的时候，不要不耐烦，请多一些耐心，多一点微笑，这是你良好

品格的一种体现。而且你的热心、耐心必定换来顾客的良好认可。我曾经有过这样的一个亲身经历：

5月的一个下午，外出办事回来的途中，突遇大雨，公交车半天没有过来，的士更是很难打到。回头望望，不远处路边一个大型商场，于是，进去避雨，想着等雨停了再走吧。于是，四处逛逛。在一家经营精油品牌的化妆品柜台面前停下来，导购小姐可能是因为看我拿着档案袋，挎着包又带着雨伞，热心地给我一个化妆品袋子让我将文件放起来，以防文件被弄湿了，并热情地招呼我坐下。小姑娘的细心和热心立刻给我带来了好感。我坐下来，随便看看她们的产品。小姑娘就跟我攀谈起来。问我是不是住在附近，做什么的等。看我看产品，小姑娘顺时就问我是否用过她家的产品，我摇摇头，她便拿起一套产品放在我面前"这是我家的新产品，反正我也没事，你要是也不着急走，我帮你试用一下吧，你感受一下，反正外面也在下雨。"小姑娘微笑着对我说。我点点头，伸出手背，小姑娘认真又热情的劲头使得我心里涌起温暖。帮我试用的过程，她还帮我分析我的皮肤类型、试用品种等。总之，这段时间，我们聊得非常开心。末了，我也不忘买走一套产品。

第一章　感恩是一种美德

她很开心，我也很开心。

一个多小时以后，从商场出来，天已经放晴了，暖暖的太阳出来了，照得我的心情也格外好。我料定那个导购小姑娘必定是有着一颗感恩的心，所以她的笑容那么美丽，对自己的工作充满热情，对顾客的服务细致又充满温情。

其实，我们每天的心情都该是愉悦的，生活这么美好，我们何必苦着脸！抱有一颗感恩的心，微笑着面对生活，这是一个人生活的一种积极态度，跟物质是否富有无关，只关乎一个人的心态。因为生活不会因为我们每天闷闷不乐、无精打采就会变得好起来，反而这样的情绪会影响我们的正常工作和生活，而微笑的积极的心态却可以开阔我们的心胸，让我们以良好的心态投入工作，工作业绩上升，得到的晋升加薪的机会也会更多。

在工作中，一个常常微笑的人有着无穷的魅力，微笑可以使得领导更容易接受你的合理化建议，长久下来，给领导留下不错的印象，从而在升职加薪的时候也会更多地想到你；微笑可以令你和同事关系融洽，减少摩擦，从而彼此合作起来更加和谐顺利；微笑能够增加你的个人魅力，使你更容易和客户沟通交流，使客户感受到你的真诚和耐心，从而赢得合作；微笑

可以凝聚你的团队,使得你的部下尊敬你的为人,从而更加踏实努力地工作,创造业绩;微笑可以征服你的竞争对手,从而化干戈为玉帛。

真诚的发自内心的微笑是一个人自信的象征,是心灵对外界的一种自然映照,它诠释了一个人感恩的心态——感恩生活,感恩工作,感恩亲人,感恩朋友,感恩自然界的万物,正是有这般感恩的心,所以他的脸上才常常挂着笑容,这是对一个人积极人生态度的完全诠释。心情充满阳光,脸上才会充满笑容。

微笑就跟打哈欠一样,是有传染性的,如果您真诚地对一个人微笑,他会对你怒目而视吗?我想他实在无法做出这样的举动!所以,报生命以真诚的微笑吧!相信你会得到更多微笑!

第一章 感恩是一种美德

因为感恩，所以幸福

东汉政论家王符曾经说过："生活需要一颗感恩的心来创造，一颗感恩的心需要生活来滋养。"没错，一个懂得感恩的人，生活会向他敞开宽阔的大门；一个懂得感恩的人，他的心灵家园才会富饶。懂得感恩，以感恩的心对待工作和生活，才能真切地感受幸福，走近幸福。

每个人都渴望拥有幸福，获得快乐。其实，幸福说到底只是一个人的内心的感受，与心灵有关，带着一颗感恩的心，放弃抱怨、恐惧等负面情绪，你就会幸福！

古时候，一位高僧拿着好心人捐赠的钱，在返回少林寺的

途中遇到了匪徒，钱财全部被劫匪抢去，这钱是少林寺急等修缮用的。

这可如何是好？回到少林寺以后，寺里的很多高僧急忙追问他事情是如何发生的，怎么会这样？可是这位高僧却答非所问地说要找个安静的地方念佛。15分钟以后，这位高僧从禅房里出来，其他人便着急地问他："你有求佛给你寻回那笔钱吗？"高僧未答。

这时候，另一个人说："不是的，您一定是求佛再赐下另一笔钱给我们用。"

这位高僧听了，慢慢地说："我刚才是感谢神三件事：第一，感谢匪徒，因为我只是被抢了钱，身体并没有受到伤害；第二，我感谢佛，因为这只是我30年来第一次遇上强盗，过去的30年，我都蒙佛庇护未遇上过；第三，最感恩的，是我被人抢去东西，而不是我去抢他人的东西。感谢佛给我良好的成长环境和家庭教育，令我不致沦为强盗。"

生活中，如果每个人都能这样有一颗感恩的心，对万事万物都能以感恩的心去对待，还会不幸福、不快乐吗？

罗伯特·爱孟斯和迈克尔·麦克洛夫的研究表明，把那些

第一章　感恩是一种美德

感激的事情记录下来的人，在生理上和心理上都有较高的健康水平。著名畅销书作家泰勒·本-沙哈尔在他的著作《幸福的方法》中也建议读者每晚在入睡前，写下五件让自己感到快乐的事，即一些让自己感激的事。这样培养人的感恩习惯，会更多地珍惜生活中的美好，不会把它们当成是理所当然。毋庸置疑，这样的做法会让我们的生活充满快乐和幸福的味道，也过得更有意义。

　　思想是人们生活状态和精神面貌的雕刻师。一个心怀感恩的人，无论在何种情况下，都能以感恩而积极的心态面对问题，解决问题。就像关于日晷的那句格言一样："我只记录太阳的时间。"所以，想要获得幸福，拥有快乐，那就常怀一颗感恩之心吧！

　　当我们品尝着丰富的美食时，感谢生活的慷慨赐予；当我们享受阳光的沐浴时，感谢大自然的无私馈赠；当我们行走在干净整洁的街道时，感谢环卫工人辛勤地付出；当我们拿着工资孝敬父母的时候，感激老板为我们提供成长和成才的环境！感恩生活，感恩工作，感恩生命中一切的赐予，在一次次的感恩中，你的心获得了宁静，获得了美妙的体验！

　　不忘感恩，方得幸福。人生不如意事十有八九，但这并不

会影响人的幸福与快乐。只要有一颗感恩的心，挫折和烦恼也会变成幸福。著名作家契诃夫说："要是你的手指头扎了一根刺，那你应当高兴，因为这根刺没扎在你的眼睛里。要是你的火柴在衣袋里燃烧起来了，那你应当高兴，因为你的衣袋不是火药库……"多么乐观的心态！

生活中值得感恩的事情很多，关键是你要有一颗感恩的心，才能深深体会到。亲人的一句关爱，同事的一个帮助，爱人的一个亲吻；一本好书，一部电影，一件漂亮的衣服，这一切的一切，不都值得我们去感恩吗？

带着感恩的心，我们会更多地发现世界的真实与美好，生命的富足与快乐！感恩，是对生命恩赐的最好诠释！

感恩吧，你会从中领略幸福的味道！

让感恩成为一种习惯

余世维曾经说过:"注意你的思想,它们会变成你的言语;注意你的言语,它们会变成你的行动;注意你的行动,它们会变成你的习惯;注意你的习惯,它们会变成你的性格;注意你的性格,它会决定你的命运。"

什么是习惯,习惯就是人们长期反复所进行的一种行为,从而逐渐养成的不自觉的活动!一种好的习惯是需要我们有意识地去培养的,并非自然而成,也不可能一朝一夕就形成良好的习惯。有研究表明,一个习惯的培养至少需要三个月的时间,但是习惯培养的第一个月是最重要的。正所谓"好的开始

是成功的一半"。

感恩是人类的一种美德,是每一位员工在工作中都应该形成的良好美德,我们应该让感恩成为我们生命中的一种习惯,在前行的途中,有了感恩的品格相伴,相信我们在工作上会越做越顺利,也越来越开心。

一位全职主妇,辛苦操劳了大半生,却从来没有在家人身上得到过任何的感激。

有一天,她想想自己这半生的生活,忽然诸多感慨。她走到正在看电视的先生身边,问他:"亲爱的,如果有一天我死了,你会买大束鲜花为我哀悼吗?"

她的丈夫听了,惊讶地说:"当然会啊!不过,亲爱的,你胡思乱想什么呢?"

这位妇人一本正经地说:"等到我死的时候,再多的鲜花都已经没有意义了,不如趁我还活着的时候,送我一朵花就够了!"

生活中也好,工作中也罢,很多时候,一句简单的"谢谢",一朵鲜花就足以表达我们的感谢,给对方带来喜悦,带来欢乐。可是很多时候,很多人不愿意,甚至没有这样去做的意识。

在工作中,对于同事的帮助,道一声"谢谢";对于客户

第一章 感恩是一种美德

对自己工作疏忽的谅解，道一声"谢谢"；在节假日的时候，为客户发去一张贺卡，打去一个电话，送去一个小礼物，所有这些充满善意和关怀的小行为，都会因为我们的真诚，而为对方带去温暖，让彼此的关系更加和谐。说不定，我们的一次举手之劳，会为公司带来一笔很大的订单，使得自己的业绩也频频上升呢？所以，这些轻而易举的小行为，我们为什么不能去做呢？只要我们一点点去做，长久下来，感恩便会成为我们的一种习惯，使得这种好的品质长期伴随在我们的身边，伴随我们一路成长。

有一回，日本著名歌伎大师勘弥在一部戏里扮演古代一位徒步旅行的百姓，正当他要上场时，一个门生提醒他说："师父，你的草鞋带松了。"他回了一声"谢谢你"，然后立刻蹲下，系紧了鞋带。当他走到门生看不到的舞台入口处时，却又蹲下，把刚刚系紧的鞋带又弄松。显然他想以松垮的草鞋带子来表现一个长途旅行者的疲惫。当时，正巧有位记者到后台采访，亲眼看到了这一幕，他非常不解，就问勘弥："您为什么不当场教那位门生呢？他还不懂演戏的真谛。"勘弥答道："要教导门生演戏的技能，机会多得是。在今天的场合，最要

紧的是教导他学会感激别人对自己的关心。"

泰戈尔曾经说过:"播种一个信念,收获一个行动;播种一个行动,收获一个习惯;播种一个习惯,收获一个性格;播种一个性格,收获一个命运。"

感恩是一种态度,一种能力,我们要将感恩变成我们生命中的一种习惯。它会让我们获得充足的能量在未来的事业道路上奋勇向前。

当感恩成为我们的习惯,在工作中我们就会自发主动,少找借口,就会千方百计地圆满地完成工作任务,而不会敷衍了事;当感恩成为我们的习惯,在工作中,我们的心态就会更加积极,更加平和,就会以阳光的心态对待工作中的问题,对待身边的同事;当感恩成为我们的习惯,我们就会时刻以公司利益为重,处处为公司着想,为老板排忧解难;当感恩成为我们的习惯,我们会懂得感恩工作,感恩企业,感恩领导给予我们的每一个提升机会,我们就会更加努力向前;当感恩成为我们的习惯,我们会热爱自己的工作,带着巨大的热情投入工作,工作效率也会更高;当感恩成为我们的习惯,我们会学会享受当下每一分、每一秒的幸福;当感恩成为我们的习惯,你会发现,自己是一个多么积极乐观的人,一个多么认真负责任的

第一章　感恩是一种美德

人，一个受人欢迎的人！这一切的一切，都是因为你自身有自巨大的精神财富——感恩精神！

意大利有个女探险家独自穿越了塔克拉玛干沙漠。当她走出沙漠之后，她面对沙漠跪下来，静默良久。有记者问为什时，她极为真诚地说："我不认为我征服了沙漠，我是在感谢塔克拉玛干允许我通过。"是啊，人类所有的一切都是大自然所赐予我们的。我们应该以感恩的心去面对自然，面对万物，让人类和自然和谐相处！

法国社会学家涂尔干曾经说过："只有学会感恩，我们才能明确责任；只有学会感恩，我们才能体味真情；只有学会感恩，我们才能感受幸福，享受生活。"感恩是人类一种美好的情感，我们应该让感恩成为对自身的一种鞭策，让感恩成为自身的一种习惯，真诚地感谢他人，感恩工作，感恩企业，感恩领导，感恩我们的父母朋友，唯有如此，我们的生命才会充满朝气，才会充满快乐，才会变得五彩斑斓！

感恩是人类一种难得的教养。如何才能养成感恩的习惯呢？

首先，培养自己感恩的意识，在工作和生活中，对任何人和事情都能够有一份感恩的心，少一分抱怨，多一分谅解。

其次，将自己感恩的行为坚持一个月的时间。请相信，一

个月的时间内,只要我们用心去做,已经足够让我们形成一个良好的习惯了。时间太短,则无法植入我们的内心。

再次,将自己培养感恩习惯的想法告诉自己的家人。这样,在生活中,自己做得不够好的时候,就可以让家人提醒督导。这样也会防止自己中途就将这样的美好品质给丢了。

最后,在每一天晚上的时候,每一周结束的时候,都做一个小小的回顾。看看自己这一天的时间,这一周的时间是否做得足够好,体验自己的收获。如果做得还不错,继续坚持,也可以给自己一点小小的奖励,让自己更有坚持的动力。

千万不要中途放弃!如果在工作中,你发现自己又偷懒了,没关系,赶快纠正自己一下,开始努力工作吧!毕竟一个良好习惯的养成并非朝夕之间,改正,回归到正常的轨道就好了,长时间下来,这样小错误的发生率越来越低,慢慢就杜绝掉了,我们感恩的良好习惯就形成了!

习惯就是每天坚持,并不断重复的行为,如果我们每天重复的是抱怨和烦恼,那么最后,我们只能成为一个工作中的"祥林嫂",最后在忧郁和抱怨里一事无成;而如果我们重复的是感激,那么,我们最后得到的是喜悦,是提升、是快乐、是成功,伴随而来的,还有一份淡然而幸福的心境!

第一章　感恩是一种美德

因为感恩，所以奉献

英国诗人勃朗宁说："我是幸福的，因为我爱，因为我有爱。"爱是人类最美好的情感，它自我们的出生，就伴随着我们。我们享受着爱，也奉献我们的爱。而感恩——感恩他人，感恩社会，感恩自然万物，都是在传递我们的爱，在奉献我们的爱。

工作是老板送给我们的一份美好的礼物，让我们在这个环境中，在自己的岗位上，不断历练，不断成长！感恩我们的工作，就是爱我们的工作；我们也会感受到工作对我们的爱——获得成长，获得回报！

肯尼士·G.戴维斯医师讲述过这样一个亲身经历的故事：

戴维斯和太太、两岁大的女儿，被困在奥瑞冈州红河谷露营地，那地方远离尘世、冰天雪地，他们的车子却发生故障了，动弹不得。

他们原本是要庆祝戴维斯完成第二年的主治医师训练课程，所以出外旅行，不过戴维斯刚刚接受的医学训练，却没办法用来对付故障的旅行车。

这已经是20年前的往事，但在戴维斯脑海中，这件事仍像记忆中的奥瑞冈蓝天一般清晰如昨。当时他刚醒来，摸索着打开电灯开关，却发现自己仍陷在一片黑暗里，他试着发动车子，没有反应。

戴维斯和太太讨论后认为，他们的车子一定是电池没电了，既然他的腿要比他的修车技术可靠，戴维斯决定徒步走到好几英里外的高速公路求救，妻子和女儿则待在车里。

两小时后，戴维斯跛着足抵达高速公路，拦下一辆载运木头的大卡车，那卡车碰到加油站就让他下车，马上弃他而去。

他走近加油站时，忽然心一冷，想起当时是星期天早晨，

第一章　感恩是一种美德

加油站是关的，幸好那里还有个公共电话和一本破旧的电话本，拨电话到下个镇上（大约二十英里外）唯一的一家汽车修理公司。鲍伯接了电话，听戴维斯说明他的困境。

"没问题。"鲍伯说，戴维斯把地点告诉他，"星期天我通常休息，不过我大概半小时可以到那里。"听见鲍伯要来，戴维斯松了一口气，但他又担心他会狮子大开口，到时候不知要向他收多少钱。

鲍伯开着红色闪闪发光的拖车翩然抵达，他们一起开着车子回到营地。

戴维斯跳下拖车转过身时，才十分惊讶地发现，鲍伯必须靠夹板和拐杖的支撑才能下车，他的下半身完全瘫痪！

他挂着拐杖走向他们的旅行车，戴维斯脑海中再度浮出一堆数字，"不知他这次善行要花我多少钱！"

"哦！只是电池没电罢了！只要充一下电，你们就可以自由上路了。"鲍伯把电池拿去充电，利用中间的空当，他还变魔术逗戴维斯的女儿玩，甚至从耳朵中掏出一个两毛五铜板给她。他把接电的电线放回拖车上时，戴维斯过去问他该付多少钱。

"哦！不用了。"鲍伯答，戴维斯愣在那里。

"我该付你钱的！"戴维斯坚持。

"不用。"鲍伯又说了一次，"在越南的时候，有人帮我脱离比这更糟的险境——当时我两条腿都断了，但那个人只叫我把那份爱传下去，所以你一毛钱都不欠我；只要记着，有机会的时候，要把这份爱传下去。"

时光拉回二十年后，戴维斯回到忙碌的医学院办公室，他时常在这里训练医学院的学生。一个从别州学校来的二年级生辛迪，到他这里来实习一个月，以便和她母亲一起住一段时间，她母亲就住在医院附近。戴维斯和辛迪刚刚去探望过——一个因酗酒、吸毒而入院的病人，正在护理站讨论可能采取的疗法，忽然间，戴维斯注意到辛迪的眼中满是泪水。

"你不喜欢讨论这类事情吗？"戴维斯问。

"不是，"辛迪啜泣着，"只不过那个病人有可能是我母亲，她也有同样的问题。"

午餐时间他们单独躲在会议室内，探讨辛迪母亲长期酗酒的悲惨历史。辛迪一把鼻涕、一把眼泪，很痛苦地，把她家里过去几年的愤怒、尴尬、仇视说给戴维斯听；戴维斯请辛迪的母亲来治疗，燃起了她的希望，他们还安排她母亲去见一位训练有素的心理顾问。辛迪母亲在其他家人的强力鼓吹下，总算同意接受治疗。入院几个星期后，她整个人焕然一新、彻底改变。辛迪的家庭原本濒临破碎的边缘，但这之后，他们第一次见到了希望的曙光。

"我该如何报答你？"辛迪问。

戴维斯说，他想起被困在雪地里的那辆旅行车，以及那位下半身瘫痪的善心人士，他知道自己只有一个答案可以回答："请这份爱传下去吧！"

是的！请把那份爱永远地传下去！让这个社会更加幸福！

第一次读完这个故事，不免心头一震，一股酸酸的感觉涌上心头，"请把那份爱永远地传下去！"一句简单的话语，渗透着多么深刻的情义！

鲍伯是一个智慧的人，并将这种智慧传递给他人！他们生活得非常快乐！我们的生活、工作中，也有很多这样的智者！他们的智慧就在于他们懂得以一颗感恩的心对待自己的环境，对待自己所处的岗位，对待身边的熟识的或是陌生的人，用感

恩的态度打造自己的天地，创造自己事业的辉煌！

爱默生曾经说过："人生最美丽的补偿之一，就是人们在真诚地帮助别人之后，也帮助了自己。"

亚当·亨特给我们带来这样一个故事：

在一个周六的晚上，61岁的维克多和妻子安娜驱车行驶在威斯康星州的94号州际公路上。忽然，他们发现，有两位女士站在路边。虽然其他车辆都径直开过，但维克多还是停靠下来，问她们是否需要帮助。

"汽车爆胎了。"其中一位女士说道。她们正试着卸掉那个坏轮胎，换上备用胎。维克多走下卡车，挽起袖子，开始帮忙卸轮胎，只消几分钟就搞定了。两位女士握住维克多的手，连声道谢。

维克多和妻子离开后不久，那两位女士也上了路。她们正在感叹自己的好运气，忽然看到前方的路边停着一辆车。不是别人，正是维克多的车。

她们把车停下来，看到维克多趴在驾驶座上，安娜惊慌失措地喊道："他的心脏病发作了。"

两位女士立即采取行动。其中一位叫萨拉·伯格，开始给

第一章　感恩是一种美德

维克多做人工呼吸和胸外按压。她不停地做着心肺复苏的急救工作，直到医护人员带着急救仪器赶来。一架救护直升机降落在州际公路上，把维克多送往最近的医院。多亏这两位女士的专业救助，维克多才得以死里逃生。

萨拉怎么会知道心肺复苏的正确程序呢？原来，这是她工作的一部分，她是一名助理护士。

这一场州际公路上的生命转机，似乎仅仅是个巧合，然而，倘若萨拉爆胎时，维克多也像其他人一样漠不关心，疾驰而去，事情又会怎样呢？

感恩吧，这是在奉献我们的爱！当我们将自己的爱奉献，我们也会收获越来越多的爱！艾伦·弗罗姆曾经说过："爱是一种能力，是一种能爱并能唤起爱的能力。"去爱吧！爱我们的家人，爱我们的朋友，爱我们的工作，用爱将自己填满！

多一点感恩，少一点浮躁

现代社会中，每个人似乎都很忙碌，都很惆怅，追求着房子、车子、票子，心里却空虚，心烦意乱，身心俱疲！为什么会这样？有人说："现实使然！现在人们的压力这么大，房价这么高，不拼命赚钱怎么生活？"然而，这就是我们麻木而浮躁地生活的理由吗？

思想创造了我们的人生，是我们不满足的心开始变得浮躁起来，于是，我们看世界的视角也变了。

带着一颗感恩的心看待世界万物，带着一颗感恩的心工作和生活，不仅你的心情会愉悦起来，你的生活也会变得充满阳光！

第一章　感恩是一种美德

　　现实中，很多人，看到别人功成名就、升迁提拔，瞧着他人盆满钵满、一夜暴富，于是自己的心也变得不安定起来，想着这样的经历为什么没有发生在自己身上！轻者自怨自艾一番而已，继续自己的工作和生活；重者浮躁的心则慢慢让自己滑向罪恶的边缘……

　　生活就是一面镜子，你对它笑，它也对你笑，你对他哭，它也对你哭。它真实地反映着我们自身的一切。当你愤怒的时候，你会发现身边的一切都变得丑陋不堪；而当你心情愉悦的时候，任何东西在你眼中都是那么美好！所以，不要老是抱怨外界，这样的抱怨会吸引来更多的抱怨，通通折回到你的身上！保持一颗感恩而愉悦的心面对工作，少一点浮躁，多一点踏实，你会发现，生活是如此充实而愉快！梦里你都会微笑！

　　有一位年轻人在事业上的发展很不顺利，屡屡受挫，他后来听说普济寺有一位很有名的高僧名叫释圆，于是便不远千里寻到老僧。见到老僧释圆，年轻人沮丧地对他说："大师，你说像我这样屡屡失意的人，活着还有什么用呢？"

　　老僧释圆并没有回答他的问题，他静静聆听着这位年轻人的慨叹，吩咐门外的小和尚："施主远道而来，烧一壶温水送过来。"

一会儿，小和尚就拎着一壶水送过来，释圆抓了一把茶叶放进杯子里，然后用温水沏开，放在年轻人面前的茶几上，微微一笑说："施主，请用茶！"

年轻人俯身看看杯子，只见杯子里微微地袅出几缕水汽，那些茶叶静静地浮着。年轻人不解地询问释圆："贵寺怎么用温水冲茶？"

释圆微笑不语，只是示意年轻人说："施主，请用茶吧。"

年轻人只好端着杯子，轻轻呷了两口。

释圆说："请问施主，这茶可香？"

年轻人摇摇头说："这是什么茶？一点儿茶香也没有。"

释圆微微一笑，吩咐门外的小和尚："再烧一壶沸水送过来。"

于是，小和尚又提来一壶沸水，释圆起身，又沏了一杯茶，年轻人俯身去看杯子里的茶，只见那些茶叶在杯子里上上下下地沉浮，随着茶叶的沉浮，一丝清香便从杯里袅袅地溢出来，沁得满屋生香。嗅着那缕缕的茶香，年轻人禁不住端起杯

第一章 感恩是一种美德

子呷了起来。释圆看罢微微一笑,问道:"施主可知前后两次,茶均为一种,却为何茶味迥异吗?"年轻人思忖说:"一杯用温水冲沏,一杯用沸水冲沏,用水不同吧。"

释圆笑笑说:"用水不同,则茶叶的沉浮就不同。用温水沏的茶,茶叶就轻轻地浮在水面之上,茶叶怎么会散溢它的清香呢?而用沸水冲沏的茶,沉浮几次,最终沉入杯底,香气融入水中,茶叶自然就释出了它的清香。世间芸芸众生,又何尝不是茶呢?那些不经风雨的人,平平静静地生活,就像温水沏的淡茶平静地悬浮着,弥漫不出他们生命和智慧的清香。而那些栉风沐雨饱经沧桑的人,坎坷和不幸一次又一次袭击他们,他们就像被沸水沏了一次又一次的酽茶,在风风雨雨的岁月中沉沉浮浮,溢出了他们生命的一脉脉清香。"

央视著名主持人白岩松曾这样说过:"面对压力和困难,我从来不会去躲,只有你面对它才会战胜它。"所以,将我们的心沉淀下来,踏踏实实地去做事,感恩工作,感恩挫折,感恩失败,感恩身边的一切,最终,你会发现,如同那杯沸水沏的清茶一样,你的人生充满了芬芳!

在我们的身边,有很多人,总觉得自己的价值不仅仅如

此，觉得自己当前的工作环境不好，待遇不高，职位很低，将不满的情绪带入工作中，导致工作积极性不高，工作效率差，对工作敷衍了事。在工作中稍有不顺就抱怨不断，甚至跳槽，对当前的工作完全不负责任。

每个人都渴望找到一份适合自己的工作，这无可厚非，但是以浮躁的心态面对工作，这山望着那山高，对工作的负面影响是很大的，这种浮躁的心态不仅无法让自己进步，严重者，还有可能毁了自己的人生！

有一位著名大学毕业的学生，毕业后找工作一直不是很顺利，不是企业嫌他没经验，就是他嫌单位待遇低，不愿意去，用他自己的话说，"我这样的高才生去做那样的工作，拿那么一点儿工资，还不够我生活的，我才不去！"

时间一天天过去，转眼毕业一年了，他的同学大都在自己的岗位上做得很好，而他还闲在家，每天上网打游戏。又一年过去，他的日子依然在游戏中度过。三年、四年、五年过去了，他已经30岁了，他的同学很多在工作上已经积累了不少经验，做出了很好的成绩，而他在这五年的时间里，却没有进步一点。这之间父母也托人为他介绍过工作，可是往往他去了两

第一章　感恩是一种美德

天就回来了。理由一大堆，"让我做一个文员，打打字，发发传真，这是一个大学生做的工作吗？"无奈，最后父母也不管他了。

每一份工作环境，每一个工作岗位，都不可能至善至美。如果带着内心完美的心态去找工作，我想一辈子你也无法找到一份让自己满意的工作。就算真的有这样的工作岗位存在，那么，请先问问你自己，你适合吗？你有这样的能力来匹配这个岗位吗？很多时候，并不是某一个工作岗位不好，不适合你，而是你浮躁的心使然。所以，在工作中，请多一点感恩之心，少一点浮躁之气吧！

在平时的工作中，我们每天拿出两分钟的时间来清洗一下自己日益变得浮躁不安的心灵，让心灵在感恩中沉淀，从而使心灵得以滋养，精神得以充盈。

第二章

有一颗感恩的心

第二章 有一颗感恩的心

拥有一颗感恩的心

中国有句俗语："大恩不言谢。"并非说大恩不需要感谢，而是说感恩是无法用语言来表达的。谁能够对恩情不以为然、无动于衷呢？这个世界上所有的恩待，我们应该做些什么，才能够报答恩情？面对单位领导的关爱、同事和前辈的指导，病患对我们工作的肯定，家人对我们工作的支持，我们不但要常怀一颗感恩的心，更要有感恩的表现：尽心、尽力、尽意。

下面是一位护士的演讲：

一袭飘然白衣，一顶别致燕帽，一枚写着某某护士的胸牌，这就是我们的形象，被人称之为"白衣天使"。天使是传说中神仙的使者，是幸福和温暖的象征，是人们对护士形象美和内在美的深情赞誉。姐妹们，当拜金主义、享乐主义的风暴席卷而来的时候，当有人讥笑我们地位低、收入低的时候，当

病人不理解我们的时候，你有过怨言吗？我看到观众席上的护士姐妹都在摇头，是的，没有！因为我们是天使，因为我们常怀一颗感恩的心，才会使我们无怨无悔地爱病人爱自己，并且深爱着这份平凡的工作。

时下，每一份工作都显得弥足珍贵，更需要我们去感恩和珍惜。在企业里，感恩犹如一床保暖的棉被，驱散外部环境吹来的阵阵寒风；在市场中，珍惜恰似一身坚硬的铠甲，抵挡来自强劲敌人的猛烈攻击。一个懂得感恩的员工会与企业同舟共济，克服种种困难，成为企业最信得过的人；一个懂得珍惜的员工会用自己的辛勤汗水为企业添砖加瓦，寻找发展机遇，成为企业最离不开的人。当你成为企业最信得过和最离不开的员工时，你离成功就不远了。

没有阳光的温暖，万物就无法生长；没有雨水的滋润，小草就不会肥美；没有父母的哺育，我们就无法生存；没有师长的教导，我们就不会成长；没有社会提供环境，我们就没有实现自我的平台；没有朋友出手相助，我们就难以顺利地走向成功……面对身边的一草一木，面对眼前的工作生活，我们要懂

第二章　有一颗感恩的心

得感恩，学会珍惜。只有在感恩中，我们才能一点点地不断成长；只有懂得珍惜，我们才能一步步走向成功。

我们常常看到这样的现象，一个员工可以为一个陌生人的点滴帮助而心存感激，却无视朝夕相处的上司、同事的种种恩惠、帮助和支持，将一切视为理所当然，视为纯粹的商业交换行为，这也是许多公司与员工之间关系紧张的原因之一。的确，雇用和被雇用是一种契约关系，但是在这种契约关系的背后，难道就没有一点儿感恩的成分吗？作为员工，公司和老板为你提供了就业机会，提供了锻炼自己成长成才、提升能力和素质的机会，难道这不值得你去感恩吗？

懂得感恩是一个员工优良品质的重要体现。这样的人方能成为优秀的员工，因为他知道感恩，知道如何去感谢一个组织，知道如何去感谢帮助过他的人，这是其做好工作的基础。

其实不仅仅在工作中要具备感恩之心，我们对万事万物都应该心怀感恩之情。我们对父母、亲朋、老板、同事、领导、部下、政府、社会等都应始终抱有感恩之心。我们的生命、健康、财富，以及我们每天享受着的空气、阳光、水，莫不在我们的感恩之列。美国前总统罗斯福的故事就告诉我们应该如何保持一颗宽容感恩的心。

王符曾经说过:"生活需要一颗感恩的心来创造,一颗感恩的心需要生活来滋养。"我们每个人最初都是赤条条地来到这个世界上,我们享受着父母、兄长、亲人的无尽关爱,享受着身边朋友给予的许多恩惠,享受着大自然的无限恩泽,我们被这些爱无限地包围着,所有这些爱,都是一种精神的浓缩,那就是感恩!

约翰只是英国一家手工作坊的小业主。不幸的是,突然而来的一场经济危机使他陷入了极大的困境,产品堆积卖不出去,资金也周转不开,物价又暴涨,一夜之间,破产的危险一步步向他逼来。他的那些朋友们纷纷劝他赶快裁员,以此减轻经济负担。约翰起初也很矛盾,思考良久,他终于决定采用朋友的建议——裁减一半员工!

这个消息不知怎么传到了老约翰的耳朵里。第二天,老约翰早早地来到了办公室,勒令他收回成命。约翰很不服气,老约翰一生气便当场解除了约翰的职务。中午,老约翰走进了工人的餐厅,看见大家一脸憔悴、苍白,碗里是白水煮的青菜,老约翰立刻从街上的小餐馆花三英镑买回一些肉食,端进餐厅,哽咽地说:"兄弟们,你们受苦了。现在,我已解除了约

第二章　有一颗感恩的心

翰的职务，并且从今以后，每天中午我和你们一起吃饭——当然，价值三英镑的肉食必不可少！"工人们欢呼雀跃起来。要知道，那时候，尤其在经济危机的困境中，三英镑不是个小数目——足以供老约翰夫妇一天的基本生活。

然而，大家知道吗？每天的三英镑，所带来的效益却是无法用具体的数据计算的。工人们因为心存感激，所以每天便拼命干活，努力降低成本，没多久，这个小作坊竟然从难关中一步步走了出来，而且一步步发展壮大，最终成为英国一家著名的电器公司，拥有的资产超过了千万英镑。

看，老约翰就是用每天的三英镑换来了公司的长远迅速发展！

从老约翰朴素的言行中，我们不难看出他处事的准则，那就是从小事做起，从最打动人心的角度入手，那么，你就可以创造人生的奇迹！

试想，如果故事中老约翰任由约翰裁员，每天仍以可怜的餐饭对待自己的员工，那么结局是怎样的呢？员工无精打采，更无心、无力工作，一段时间过去，工厂可能面临倒闭的结局了！

每个人的生命中都不可缺少"感恩"二字，这是我们生

存、成长的根本！诚然，现代社会竞争激烈，但我们需要记住的是，良好的竞争不是以恶劣的手段打压别人，而是用积极的心态严格要求自己！抱着这样的心态经营自己的事业，总有一天，你会飞黄腾达！

就像故事中的老约翰一样，在自己工厂面临危难的时候，仍然不忘向自己的员工施恩！最终，他获得了员工的尊重和爱戴，获得了员工们更多的爱，而这份爱创造了意想不到的奇迹，让他收获良多！

生命需要感恩，不管何时何地，怀揣一颗感恩的心，你会发现，生命开始变得多彩！

第二章 有一颗感恩的心

对工作心怀感恩

工作是什么？我们为什么工作？是什么可以让我们战胜人性的懒惰和自私，超越一己得失，把属于自己的工作做到完美？是什么能让我们的团队为完成工作夜以继日，全力以赴，团结协作？又是什么让我们忧患于自己企业的兴衰成败？我想那就是工作的使命感。而使命就是责任。使命促使我们更容易认同自己所从事的职业，保持工作热情；责任让我们用工作的形式回报企业，企业的发展、变革，与每一个员工都唇齿相依。我们在工作中学习思考、激发自我、彼此交融。正因如此，我们才有了因辛勤工作得到回报后的欣喜，才有了我们对

与其抱怨，不如感恩

自我价值实现的满足感。而为了证明自我价值的实现，我们又要用一种特殊的方式，告诉我们的老板，我是多么热爱自己的工作，多么感谢从工作中获得的机会。我们是否已经建立起了一种自我意识，在我们的心中，我们应该为他人，也为自己，多一些感恩，多一些善意，多一些微笑，从生活的每一刻起，不好吗？

所以，在我们的人生旅程中，我们要对自己的愿望保持一份高度的清醒。要知道，无论这个世界发生什么样的变化，我们都希望我们得到发展，我们的人生过得非常有意义。

尤其是在我们的工作中，我们同样需要用感恩的心态去对待工作。只有这样，我们才能迸发出极大的工作热情，才能为工作努力。因为感恩的心态会使我们产生力量，让我们去征服一切困难。

只有我们怀着感恩的心去工作，我们才会在工作中找到快乐，我们才会在意我们的老板、同事等。我们在建立人际关系时就会积极主动，用一种乐观的心态去面对一切。

有个乞丐遇到了上帝，他请求上帝满足他三个愿望，上帝答应了。

乞丐的第一个愿望是要变成一个有钱人，上帝立刻满足了

第二章　有一颗感恩的心

他。

成为有钱人后，乞丐又希望自己能年轻40岁。上帝挥一挥手，老乞丐就变成了20岁的小伙子。

乞丐兴奋极了，接着又向上帝提出了他的第三个愿望：一辈子不需要工作。

上帝也答应了他。乞丐立刻又变回了路旁那个又老又脏的老乞丐。乞丐不解地问："这是为什么？我为何又变得一无所有了？"

上帝说："工作是我所能给你的最大祝福了。想一想，如果你什么都不做，整天无所事事，那是多么可怕的一件事啊！只有投入工作，生命才有活力。现在你把我给你的最大恩赐扔掉了，当然就一无所有了！"

工作为我们提供了稳定的薪水，解决了我们的衣、食、住、行等需要，使我们有了稳定的生活，让我们的心安定下来。

工作是一个机会，一个平台。它为我们提供的工作环境、办公设备、各种福利等，成就了我们的事业，成就了我们的价值和人生。

公司是一个老板创造的运营机器，这个机器上，有管理

部门、生产部门、销售部门，不论身处哪个部门，都要与其他部门同事和本部门同事相互配合。在这里，我们与他人建立友谊，融入团队，产生归属感和荣誉感。

通过我们的工作，无数人获得了便利的服务和需要的物品，客户和顾客的生活需要得以满足，老板的公司创造了更大的价值，为社会谋求了更高的福祉。在这个世界上，有非常多的人在依赖着我们。被别人需要，正是最大的快乐和满足。

明白了这些道理，并以感恩的态度来对待我们的工作，工作就不再成为一种负担，即使是最普通的工作也会变得意义非凡。

许多成功人士在谈到自己成功经历时，往往过分强调个人努力因素。事实上，每个登峰造极的人，都获得过别人的许多帮助。一旦你订出成功目标并且付诸行动之后，你就会发现自己获得许多意料之外的支持。你应该时刻感谢这些帮助你的人，感谢上天的眷顾。

仔细想一想，自己曾经从事过的每一份工作，都给了我们许多宝贵的经验和教训，这些都是人生中值得学习的经验。如果我们每天都能带着一颗感恩的心去工作，我们就能享受到工作时的愉快和快乐，就会带着一种从容坦然、喜悦的感恩心情工作，我们会获取最大的成功。我们要充分相信老板，甚至在

第二章　有一颗感恩的心

公司面临暂时的经济困难时，我们也要想办法帮助公司渡过难关。感恩不仅对公司有益，对其他人也同样有益，通过感恩，我们就会发现感恩是内心情感的自然流露，它使我们更积极、更有活力。

胸怀感恩，才能快乐

我们要懂得感恩，不要将拥有的一切都视之为理所当然。作为一名员工，我们要感谢我们的工作，它不仅给了我们生存的物质，还为我们提供了展现人生价值的舞台，让我们的人生阅历得以丰富，让我们的人格得以锤炼，使我们的聪明才智找到施展的乐土；对领导，我们要心怀感恩，没有领导的信任支持，我们的努力最终都可能是空空如也，领导为我们提供了机会和空间，使我们得以施展自己的能力和才华；对同事，我们要心怀感恩，个人的力量是渺小的，在激烈的竞争中胜出还是要依靠团队的力量，凝聚产生力量，团结诞生兴旺，有了大家

第二章 有一颗感恩的心

的共同奋斗，才会创造辉煌的业绩……

不要忘记感谢你周围的所有：你的工作、为你提供工作机会的公司、你的上司以及你的同事，不管是你喜欢的还是不喜欢的，大声说出你的感谢，向他们表示你的感激之情。

也许有人说自己的工作是平淡乏味的，也许你认为你的工作是繁重的，但是只要你愿意怀着感恩的心，快乐地投入工作，那么你的天空不再是阴霾，你就可以体验到精彩与快乐。

每一份工作或每一个工作环境都无法尽善尽美，但每一份工作中都有许多宝贵的经验和资源，如失败的沮丧、自我成长的喜悦、温馨的工作伙伴、值得感谢的客户等，这些都是工作成功必须遭遇的感受和必须具备的财富。如果你能每天怀着感恩的心情去工作，在工作中始终牢记"拥有一份工作，就要懂得感恩"的道理，你一定会收获很多。

每个人都在自己平凡的岗位上做着平凡而又不可或缺的工作。我们无论从事何种工作，身处何种环境，让我们怀着一颗感恩的心，把每天的工作成果看作一次难得的经验，全心全意完成领导分派的任务，竭诚与同事们进行合作，努力为公司增加效益，而不去计较个人一时的待遇和得失。

许多成功人士在事业上取得令人瞩目的成就，都是基于公

司为他们提供了一个施展才华的场所、一个广阔的发展空间。作为公司的一员，我们要心怀感恩，公司为我们提供较为优厚的待遇和物质生活的保障，更为我们的聪明才智找到萌芽的土壤。

当然，大多数公司也许还未完美到什么问题都没有的程度，所以，许多人都会抱怨，消极地工作，这是缺乏感恩的表现，我们应该看到主流，看到好的一面，公司完美到什么问题都没有了，还要我们干什么？

我曾经为他人工作，那时候我对这一黄金定律还不理解，认为老板太苛刻。现在我为自己工作，却觉得员工太懒惰，太缺乏主动性。其实，什么都没有改变，改变的只是看待问题的角度。这条黄金定律不仅仅是一种道德法则，它还是一种动力，能推动整个工作环境的改善。当你试着待人如己，多替老板着想时，你身上就会散发出一种善意，影响和感染包括老板在内的周围的人。这种善意最终会回馈到自己身上。如果今天你从老板那里得到一份同情和理解，很可能就是以前你在与人相处时遵守这条黄金定律所产生的连锁反应。

其实，经营管理一家公司或一个部门是一件复杂的工作，会面临种种烦琐问题。

来自客户、来自公司内部巨大的压力，随时随地都会影响

第二章 有一颗感恩的心

老板的情绪。要知道老板也是普通人，有自己的喜怒哀乐，有自己的缺陷。他之所以成为老板，并不是因为完美，而是因为有某种他人所不具备的天赋和才能。因此，首先我们需要用对待普通人的态度来对待老板。

许多人总是对自己的上司不理解，认为他们不近人情、苛刻，甚至认为可能会阻碍有抱负的人获得成功。不但对上司，对工作环境，对公司，对同事，总是有这样那样的不满意和不理解。

同情和宽容是一种美德，如果我们能设身处地为老板着想，怀抱一颗感恩的心，或许能重新赢得老板的欣赏和器重。退一步来说，如果我们能养成这样思考问题的习惯，最起码我们能够做到内心宽慰。

我们每一个人都获得过别人的帮助和支持，应该时刻感谢这些帮助你的人，感谢上天的眷顾。

一个人的成长，要感谢父母恩惠，感谢国家的恩惠，感谢师长的恩惠，感谢大众的恩惠。没有父母养育，没有师长教诲，没有国家爱护，没有大众助益，我们何能存于天地之间？感恩不但是美德，感恩还是一个人之所以为人的基本条件！

你是否曾经想过，写一张字条给上司，告诉他你是多么热

爱自己的工作，多么感谢工作中获得的机会。这种深具创意的感谢方式，一定会让他注意到你，甚至可能提拔你。感恩是会传染的，老板也同样会以具体的方式来表达他的谢意，感谢你所提供的服务。

不要忘了感谢你周围的人、你的上司和同事，感谢给你提供机会的公司，因为他们了解你、支持你。

大声说出你的感谢，让他们知道你感激他们的信任和帮助。请注意，一定要说出来，并且要经常说！这样可以增强公司的凝聚力。

永远都需要感谢，推销员被拒绝时，应该感谢顾客耐心听完自己的解说，这样才有下一次惠顾的机会！上司批评你时，应该感谢他给予的种种教诲。感恩不花一分钱，却是一项重大的投资，对于未来极有助益！

怀着感恩的心工作，因为感恩是最基本的善良；感恩是最真实的人性；感恩是最诚挚的本真；感恩是最珍贵的美德。

学会感恩，学会生活，学会快乐地工作。

第二章　有一颗感恩的心

感恩是幸福快乐的源头

　　幸福是什么？幸福就是你在工作中寻找到自己的乐趣，就是缘于你有一颗感恩的心。
　　一位哲人曾经说过："如果你拥有万贯家产，但同时又有一颗永远不满足的心，那么你永远是个乞丐；如果你身无分文，但拥有一颗感恩之心，那么你就是快乐的。"
　　生命是一条美丽而曲折的幽径，需要人们用心去感受它，用心去珍惜活着的感觉。感恩是爱的根源，也是快乐的源泉。如果我们对生命中所拥有的一切都能心存感激，我们便能体会到人生的快乐，人间的温暖以及人生的价值。这正如安东尼所

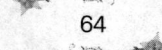

说:"成功的第一步就是先存有一颗感恩之心,时时对自己的现状心存感激。"

有些年轻人,自从来到尘世间,都是受父母的呵护,受师长的指导。他们对世界未有一丝贡献,却牢骚满怀,抱怨不已,看这不对,看那不好,视恩义如草芥,只知仰承天地的甘露之恩,不知道回馈,足见其内心的贫乏。

有些中年人,虽有国家的栽培、老板的提携,自己尚未能发挥所长,贡献社会,却也不满现实,有诸多委屈,好像别人都对不起他,愤愤不平。因此,在家庭里,难以成为合格的家长;在社会上,难以成为称职的员工。

羔羊跪乳,乌鸦反哺,说明动物尚且感恩,何况我们作为万物之灵长的人类呢?我们从家庭到学校,从学校到社会,重要的是要有感恩之心。我们教导子弟,从小就要他知道所谓"一粥一饭,当思来处不易;半丝半缕,恒念物力维艰",目的就是要他懂得感恩。

曾经有人这样说过:"所谓幸福,是有一颗感恩的心,一个健康的身体,一份称心的工作,一位深爱的人,一帮信赖的朋友。"所以说,感恩不是一种心理安慰,也不是对现实的逃避,更不是阿Q的精神胜利法。感恩,是一种歌唱生活的方式，它来自对生活的理解与爱。

在我们的现实生活中，大部分人都非常的浮躁，他们对自己的个人得失非常在意，而对感恩却非常不关心。在我们的生活中，我们需要感谢的人真的太多了：我们要感谢我们的父母，感谢父母给了我们生命，让我们来到了这个缤纷的世界，感谢父母把我们抚养成人，为我们倾注了世上最伟大无私的爱；我们要感谢我们的朋友，是朋友们的指引和鼓励给了我们充实的生活和欢乐的人生；我们要感谢我们的亲人，是亲人的理解和包容使我们享受到了无微不至的关怀，得到了爱的理解；还要感谢上苍，感谢生活中的一切，因为活着本身就是一种最大的恩赐。

感恩起源于美国的习俗，它是一种深刻的感受，能够增强个人的魅力，开启神奇的力量之门，发掘无穷的智慧。感恩也像其他受人欢迎的性情一样，是一种习惯和态度。你必须真诚地感激别人，而不只是虚情假意。

怀有感恩之心会给我们带来无尽的快乐。这就是人们常说的"一个女孩因为她没有鞋子而哭泣，直到她看到一个没有脚的人""一个有房没车的人因为没有车而郁闷，直到他看到一个为租房而掏出大把钞票的人"。我们身边的人一个细微动

作，默默注视的眼神，一首动听的歌曲，一篇感人肺腑的文章，都会让我们潸然泪下，使我们的心灵为之震撼。

我们要为生活中的每一份拥有而感恩，能让我们知足常乐。感恩不是炫耀，不是停滞不前，而是把所拥有的看作一种荣幸，一种赏赐，一种鼓励，在深深感激之中进行积极行动，与他人分享自己的拥有。

有一天，在乡间的一条小路上，一位乡下汉子在过桥时不慎连人带车一头栽进一丈多深的河水中。谁知，一眨眼工夫，这位汉子像游泳时扎了一个猛子般从水里冒了出来，围观的人赶紧将他拉了上来。上岸后那汉子竟没有半丝悲哀，反而哈哈大笑起来。

人们都很惊奇，以为他吓疯了。于是有人好奇地问他："何故发笑？"

"何故发笑？"汉子停住反问，"我还活着，而且连皮毛都没伤着，这难道不值得发笑吗？"

《达到经济自由的九个步骤》一书的作者奥曼是因为出版该书而成名致富的，他因此能够买得起劳力士手表和名牌服饰，开着豪华跑车，也能够到私人小岛度假，却坦白承认他没

第二章 有一颗感恩的心

有满足感,甚至有好友在旁时他仍然感到寂寞。

奥曼说:"我已经比我梦想的还要富裕,可是我还是感到悲伤、空虚和茫然。钱财居然不等于快乐!我真的不知道什么东西才能带来快乐。"

像奥曼那样,为钱奋斗了大半辈子才悟出"有钱不一定快乐"道理的人不在少数。他如果肯在圣诞假期当中静下心来读读普拉格的《快乐是严肃的题目》这本书,他会感悟出,感恩之心是快乐的秘诀。

普拉格在他的书中讲到了一个观点,他认为人之所以不快乐,是因为这个人本身出了问题,只要把自己身上的问题解决好好就行了。根据他的看法,不知感恩是造成我们不快乐的一大原因。

感恩是我们的一种生活状态,一种善于发现美并欣赏美的道德情操。人生在世,不如意的事情十有八九。如果囿于这种不如意之中,终日惴惴不安,那生活就会索然无趣。相反,如果我们拥有一颗感恩的心,善于发现事物的美好,感受平凡中的美丽,那我们就会以坦荡的心境、开阔的胸怀来应对生活中的酸甜苦辣,让原本平淡的生活焕发出迷人的光彩!

无论你走到哪家公司,如果你能够对为你服务的女职员说

一声"谢谢",她一定会从心里感激你的。反过来说,如果她的这种工作若是被人漠视,或者被认为是理所当然的话,她一定感觉不太舒畅。每天都该用几分钟的时间,为你的幸运而感恩。所有的事情都是相对的,不论你遇到何种磨难,都不是最糟糕的,所以你要感到庆幸。

20世纪60年代,在《人民文学》《人民日报》等报刊登出郭沫若的白话诗之后,刚从大学毕业分配到科学院电子研究所从事语言声学工作的陈明远,给郭老写了一封信,措辞尖锐激烈:"读完您那些连篇累牍的分行散文,人们能记住的只有三个字,就是您这位大诗人的名字。编辑同志大概对您的诗名感到敬畏,所以不敢不全文登载。但是广大读者却对您的诗名寄托厚望,所以不能不表示惋惜,甚至因失望而导致嘲笑挖苦……"

为此,郭沫若约见了陈明远,笑着问他:"假若你当诗歌编辑,我的诗稿落到你手里,你怎么处置?"

陈明远认真地想了一会,回答说:"对于您的来稿,我准备分三类处理。第一类,像《罪恶的金字塔》和《骆驼》这样的好诗,还有少数合格的,予以发表。第二类,有可取之处但尚需推

第二章　有一颗感恩的心

敲斟酌的，提出具体意见退还于您，等改好了再用。第三类，诗味索然的，不要分行，当作散文、杂文对待。或者，干脆扔到纸篓里。只有这样，才是真正爱护您的诗句，也才对得起广大诗歌爱好者啊！"郭沫若听完哈哈大笑，连声说："好！我要碰到你这样的编辑同志就好办了，真是求之不得哩！"

　　作为文化大家的郭沫若对待他人的伤害与批评所表现出来的感恩态度是怎样的一种智慧和胸襟！其实，感恩也是一种处世哲学，它是生活中的一大智慧，它要我们怀着感恩之心从跌倒的地方爬起，更稳更自信地走下去。

　　康德说："即使仰望夜色也会有一种感动。"又是怎样的一种胸怀，人活在世上再没有比活着更值得庆幸的。明白了这个道理，人生才会充满感恩，才会充满欢乐。不怀有感恩之心，生活便会黯然失色，没有一点儿滋味，而怀有感恩之心的人，他会拥有一个成功、快乐的人生。

与其抱怨，不如感恩

做一个懂得感恩的员工

懂得感恩的人，他们将自己生活的焦点总是集中在那些让他们开心的事情上，所以他们更多地感受到的是生活中美好积极的一面，而很少去关注对生活的不满，正是对生活的诸多感激，所以这些人才更容易感到幸福！正像一位作家所说的那样："生活总会有无尽的麻烦，请你不要无奈，因为路还在，梦还在，我们还在。所以请你怀着感恩的心，尽情欣赏路上的美好风景。"

学会感恩，给我们爱的以及爱我们的人捎去一份感激，对陌生的人和事，怀有一份感恩，阳光会在你的心里升起，幸福将长留

第二章 有一颗感恩的心

于你心!

　　曾经有这样一家企业,公司提倡的是感恩生活,快乐工作,从而成了众多大学毕业生最向往的公司,每年都会招聘员工,但复试都是由总经理进行面试,题目仅有一个:"请问你有没有洗过妈妈的手脚?有何感想?"有个年轻小伙子的答案是"没有",总经理建议他回去洗妈妈的手脚,三天后再来面试。

　　小伙子回家就端了一盆热水洗妈妈的手脚,他与母亲的距离从没有这样近过,他的内心感到无比温暖,同时也才发现母亲的手脚相当粗糙,结满了老茧,他顿时百感交集,并向母亲忏悔,他觉得自己从未真正关心过母亲,母亲每天不辞劳苦,为家人不求回报地默默付出,使家人无后顾之忧。经过这次亲身体验,他对母亲对家人的爱、无私奉献有了深入的体会。三天后他向总经理一五一十地报告……故事的结局不言自明,这个小伙子被录用了。

　　这家公司的领导者由于长期受到中国传统文化的熏陶,饱读诗书,其用人哲学是:会做事不如会做人,会做人不如会感恩,会感恩的人是做事情帮得最好的人。

　　(1)对人会感恩:大家应当相互支持合作,在我的工作成果中,有你的一份支持,在你的工作成果中,也有我的一份

贡献，感恩的心使人感动。

（2）对事会感恩：善于感恩的人会感谢公司提供一个让他学习成长的机会，多做多学习，不怕事多，不怕事烦，不拒事、不惹事，事事追求尽善尽美。

（3）对物会感恩：感恩的人爱物惜物，物物都需成本，件件都需费用，当思来之不易，不奢侈、不浪费，物尽其用。

这家公司认为，会感恩的人，其为人处事是主动积极的、乐观进取的、敬业乐群的，未来前途是不可限量的。"懂得感恩"，是该公司招贤纳才的首要条件。

可在现实中，真正懂得感恩的员工并不多见。1860年的一个暴风雨的夜晚，埃尔金圣母号轮船和一艘运木头的货船相撞沉没了，船上的393名乘客落入了密歇根湖。这些人中，有279人被淹死了。爱德华·斯宾塞是一名大学生，他一次又一次地跳进水中营救落水乘客。当他从水中救出第17个人时，筋疲力尽地摔倒了，从此再也没有能站起来。在后半生里，他只能靠轮椅生活了。据芝加哥的一家报纸报道，几年后，有人问他对于那个重大的夜晚，他感触最深的是什么时，他说："就是那17个人从来没有向我表示过感谢。"

第二章　有一颗感恩的心

可见,"感恩"不同于一般意义上的"感谢""感激",感恩应该是一种更深的、发自内心的生活态度。对生活感恩,其实也是善待自我,学会生活。

事实上,我们也非常需要感恩,可令人遗憾的是,在现今生活中感恩似乎已在慢慢趋于隐匿,取而代之的是无休止的抱怨,是冷漠,甚至是以怨报德。

过着丰衣足食的日子,却又开始抱怨生活不够富裕;面对关爱我们的父母亲人,却抱怨他们太过唠叨、太烦;拥有了平静安稳的婚姻,却又抱怨生活太平淡,没有激情;看到别人升了官发了财,便会抱怨命运的不公平……

在接受别人的馈赠和帮助时,变得心安理得;面对需要帮助和关心的人,却漠然置之……

对他人欺诈蒙骗、对老人不敬不孝、获得救助而不感恩回报等行为在现实生活中更是屡见不鲜……

我们似乎已经忘却,曾几何时,当我们还在贫困中挣扎时,是那样渴盼能过上温饱的日子,哪怕只有一天,我们也会感恩;当我们在失意的痛苦中徘徊时,是那样渴盼真诚的问候和鼓励,哪怕只有一句,我们也会感恩;当我们跌倒了无力爬起时,是那样渴盼能有人过来搀扶,哪怕只有一下,我们同样也会感恩。

心存感恩，懂得知足惜福

感恩，是对自己现实状况的一种珍惜和满足。一个快乐幸福的人，往往就是心怀感恩，懂得知足惜福之人。

心怀感恩，知足惜福，会让你尽职尽责地对待工作，即使工作中出现困难和问题，你也会以一颗平和而宽容的心来对待并耐心解决。而这样的人往往也会获得生活和工作的巨大回报！

心怀感恩，知足惜福，会让你格外珍惜我们有限的生命，珍惜工作和生活中朋友和同事的关心与帮助，即使很多是微不足道的；心存感恩，知足惜福，你获得的是心灵的宁静，你得到的是人格的升华！

第二章　有一颗感恩的心

"蚂蚁报恩"的童话就很好地说明了感恩的重要性。在一个炎热的夏季里,有一只蚂蚁被风刮落到池塘里,命在旦夕,就在此时,树上的鸽子看到了这情景。"好可怜啊!去帮他吧!"鸽子赶忙将叶子丢进池塘。蚂蚁爬上叶子,叶子漂到池边,蚂蚁便得救了。蚂蚁始终记得鸽子的救命之恩。过了很久,有位猎人来了,用枪瞄准树上的鸽子,但是鸽子一点儿也不知道。这时蚂蚁爬上猎人的脚,狠狠地咬了一口。"哎呀!好痛!"猎人一痛,就把子弹打歪了,使得鸽子逃过一劫。蚂蚁报答了鸽子的救命之恩,默默离去。这是童话,它在提醒人们:爱心必有好报。

有"鸟报恩""猫报恩""羊报恩""牛报恩"等动物的故事,这些皆为寓言或童话,是对"知恩图报"的一种呼唤!但也有的是确确实实存在和发生过的。

2003年9月,世界不少媒体都在宣传袋鼠"露露",说"袋鼠知恩图报,挽救主人生命成英雄",还刊登了澳大利亚人理查兹与对他有救命之恩的袋鼠"露露"一起合影的照片。"露露"是在其袋鼠妈妈意外死亡之后被理查兹收养的。一

次，理查兹在野外被掉落的树枝击伤，失去知觉昏倒在地，是"露露"见状，急忙将理查兹的家人引到出事地点，挽救了他的生命。为此，"露露"被人们当作英雄。这是真实的故事。动物尚能如此，何况人啊！

让人人常念感激报恩的情怀，若此，社会将是最为和谐的，创造力亦是最为旺盛的。

生活在感恩的空气中，人们对许多事情都可以平心静气；生活在感恩的空气中，人们可以认真、务实地从最细小的一件事做起；生活在感恩的空气中，人们自发地真正做到严于律己，宽以待人；生活在感恩的空气中，人们正视错误，互相帮助；生活在感恩的空气中，人们将不会感到孤独……

现实生活中，很多人不懂珍惜，不知满足，他们总是充满抱怨，工资这么少，工作量这么大，工作环境这么差，老板这么严厉，似乎所有的不幸都集中在了自己身上！要知道，当你想着公司能给你什么的时候，要先想到自己能够为公司创造多少利润，一个每天大部分时间将抱怨挂在嘴边的人，有多少心思在工作上面呢？

工作中，我们可以看到，那些升职加薪之人，往往都是懂得感恩、懂得知足惜福之人，他们感谢公司给他成长的机会，感

第二章　有一颗感恩的心

谢老板对自己的严格从而使自己不断向前，他们将工作的困难看成是对自己最好的磨砺，他们默默无闻，认真工作，不仅自身能力得到了提升，也为公司创造了很大的效益，加薪更是早晚的事情！因为这样的员工，哪一个领导舍得将其拒之门外呢？

心存感恩，懂得知足惜福，我们才会更加珍惜自己所拥有的一切，才发真真切切地发现原来自己是这么的富有，才能深深领悟到生命的无私馈赠！

法国一个偏僻的小镇，据传有一个特别灵验的水泉，常会出现神迹，可以医治各种疾病。有一天，一个挂着拐杖、少了一条腿的退伍军人，一跛一跛地走过镇上的马路，旁边的镇民带着同情的口吻说："可怜的家伙，难道他要向上帝祈求再有一条腿吗？"这一句话被退伍的军人听到了，他转过身对他们说："我不是要向上帝祈求有一条新的腿，而是要祈求他帮助我，让我没有一条腿后，也知道如何过日子。"

真正的感恩应该是真诚的，发自内心的感激，而不是为了某种目的，迎合他人而表现出的虚情假意。与溜须拍马不同，感恩是自然的情感流露，是不求回报的。一些人从内心深处感激自己的老板，但是由于惧怕流言蜚语，而将感激之情隐藏在心中，甚至刻意地疏离老板，以表自己的清白。这种想法是何

等幼稚啊！如果我们能从内心深处意识到正是因为老板费尽心机地工作，公司才有今天的发展，正是因为老板的谆谆教诲，我们才有所进步，才会心中坦荡，又何必去担心他人的流言蜚语呢？

在我们的人生长河中，我们总会失去很多，也得到很多，学习为所失去的感恩，也接纳失去的事实。不管得到什么或是失去什么，我们的人生还是多彩斑斓、光鲜亮丽的，怀着这样的心态，继续我们以后的人生路，我们的人生必定是开心而幸福的！

第二章　有一颗感恩的心

感恩，才能多赢

感恩既是一种良好的心态又是一种奉献精神，当你以一种感恩图报的心情工作时，你会工作得更愉快，工作也会更出色。张其金曾说："是一种感恩的心情改变了我的人生。当我清楚地意识到我无任何权利要求别人时，我对周围的点滴关怀都怀抱强烈的感恩之情。我竭力要回报他们，我竭力要让他们快乐。结果，我不仅工作得更加愉快，所获帮助也更多，工作更出色。我很快获得了公司加薪升职的机会。"

美国商界名人约翰·洛克菲勒曾对工作做过这样的注解："工作是一个人施展自己才能的舞台。我们寒窗苦读得来的知

识、我们的应变能力、我们的决断能力、我们的适应能力以及我们的协调能力都将在这样的一个舞台上得到展示……"

其实,每个工作岗位都承担着一定的社会职能,都是从业人员在社会分工中所获得的扮演角色的舞台。每个人不仅可以通过工作获取生活的物质来源,还能够履行自己的社会职能,获得他人的认可和尊重。任何人离开了这个平台,就如同演员离开了舞台,无法施展自己的才华。

然而,职场上却有很多人仅仅把自己所在的企业当成是一个完成工作的地方,工作也是为了自己的那份薪水。他们总在盘算:我为上级做得工作应该和他支付我的工资一样多,只有这样才公平。这种短浅的目光不仅使他们的工作充满了痛苦,而且会使他们丧失前进的动力。而优秀的员工则不同,他们把工作看成一个自身生存和发展的平台,这样原本单调的工作就成了事业发展的一个契机。

能力锻炼远比薪水重要得多,企业为你能力的提升和事业的发展提供了更多的机会。当你的能力得到领导的认可和赏识时,领导就会付给你更多的薪水。企业不但是员工之间互相交流和协作的平台,也是员工学习和展示才华的平台,只有从这个意义上认识企业,我们的职业生涯才有意义,我们才能将工

第二章 有一颗感恩的心

作视为事业发展的一个契机,而不是一种痛苦。

的确,员工与企业之间存在着商业交换,他们是一种雇用和被雇用的契约关系。如果透过这层合约,用我们的真心去体会,就不难发现其中的感恩成分。两者不仅仅是合作共赢的关系,还有一份友情和温情。大家在协作中,共患难、同甘苦,不知不觉地营造了一个小型的"社会家园",于是努力得到回报,困难得到解决,生活随之变得富足。而且我们要树立"过门"意识,那就是我们进入公司后,都应有"过门"的心态,把公司当成自己的家,树立主人翁精神。有这么一则故事:新娘过门当天,发现新郎家有老鼠,嘿嘿笑道:"你们"家居然有老鼠!第二天早上,新郎被一阵追打声吵醒,听见新娘在叫:"死老鼠,打死你,打死你,居然敢偷我们家米吃!"这就像我们在未进公司之前,以一种局外人的眼光来看待公司的各种问题。一旦我们跨进公司的大门,就要以自家人的观点态度来看待各种问题,并且要尽快地投入到新的岗位,以积极的主人翁精神投入到工作中,并采取行动及时解决问题。主人翁意识让我们意识到肩负的使命,并为达成使命全力以赴。用主人翁精神填补"责任空白"。"责任空白"随时随地都会出现在企业的经营和管理中。一个把自己视为企业主人的员工,当

与其抱怨，不如感恩

企业发展或者自己的工作中出现了"责任空白"的时候，能够主动地填补责任上的缺失。

为人父母者常会埋怨子女不知感恩。正如莎士比亚塑造的人物李尔王所说："不懂感恩的子女，比毒蛇的利齿更加痛噬人心。"

但是，如果我们不去教导这些孩子，他们又怎么知道要去感恩呢？忘恩本来就是人的天性，它如同杂草一样随时会生长；感恩则像玫瑰，需要细心地培育，用爱去滋养。如果子女不知感恩，责任在谁呢？也许正在于我们自己。如果我们从不引导他们去感谢别人，又怎么指望他们来感激我们呢？

我认识一位在木箱制造厂工作的朋友，他工作非常辛苦，周薪却只有400元。他娶了一位寡妇，妻子说服他借钱供养她和前夫的两个儿子上大学。他仅有的400元周薪用来买食物、燃料、衣服、交房租，此外还要还欠款。他像苦力一样辛苦了四年，却从来没有抱怨过。

后来，这两个孩子感激过他吗？没有。他认为这是理所当然的，而那两个孩子呢？也认为那是作为继父的责任。他们不曾觉得对这位含辛茹苦供他们读书的继父有所亏欠，哪怕是一声道谢都没有必要。

第二章　有一颗感恩的心

责任在谁呢？是这两个孩子吗？也许如此。但这位母亲责任是不是更大呢？她认为她的两个儿子不该有这种感恩的义务，她不想让她的儿子活在感恩的"心理负担"中。于是她从未对孩子们说："你们的继父负债供你们读大学，是个多好的人啊！"相反，她的态度却是："那是他作为继父的分内事。"

她自认为那是在为孩子们着想，没有给他们增加思想负担，而事实上，她给了孩子们一种危险的暗示，让他们错误地认为这个世界有义务来帮助他们。果不其然，后来她的一个儿子因向老板"借"了一些钱而深陷囹圄。

我们一定要记住，我们应该身体力行地教育孩子，这对他们尤其重要。举一事例，我姨妈便从未抱怨过子女不知感恩。我小的时候，姨妈把她的母亲接到家中，同时照料她的婆婆和母亲。两位老人围坐火炉前的情景，至今都让我记忆犹新。难道姨妈照顾两位老人却不知疲倦？我想她肯定是很劳累的，但从她的神情上根本就觉察不出丝毫的不快与埋怨。她由衷地爱着她们，无微不至，让她们完全融入家的温馨之中。而姨妈还有六个子女需要抚养，她却从不认为这是多么伟大的一件事。对她而言，一切都是分内的事，也是她心甘情愿去做的。

姨妈如今已守寡二十多年，她的五个已成年的子女都非常

爱她，都想接她到自己家同住。孩子们同她感情深厚，从不腻烦，这是源于真正的爱！从孩童时起，子女们就生活在温馨祥和的家庭氛围中，而今他们慈爱的母亲需要照顾了，他们向这位不求回报的母亲报以同样的爱，这是多么顺理成章的事啊。

第三章 停止抱怨,让感恩迎来光明

第三章 停止抱怨，让感恩迎来光明

用感恩之心取代抱怨

有些人整天怨天尤人，闷闷不乐！仔细想一想，问题真的出在公司吗？为什么不从个人角度找一下原因呢？为什么同在一个公司，在同一个岗位上，有的人就工作得非常开心，有的人就拿着不菲的工资，有的人就能够争取到很大的单子，不错的客户呢？原因在哪儿？因为这些人有着一颗感恩的心，一颗没有抱怨，没有自卑的责任之心，带着这样的心工作，他们感受到的是工作的乐趣，是工作带给她们的动力！

当今社会竞争激烈，企业压力也越来越大，很多企业裁员，甚至倒闭，看看那些没有工作的人，我们不是幸福而幸运

的吗？我们有自己的工作，可以供给我们的生活，可以让我们成长；我们有什么理由不珍惜，不喜爱自己的工作呢？

当你带着一份感恩的心去对待工作时，你会发现一切都变得不一样了！你喜爱自己的工作——在工作时你拥有愉快的心情——你的工作效率也越来越高——你的工作越来越出色——你越来越喜爱自己的工作，你简直进入了一个幸福的工作循环圈！没错，感恩就是具有这样的魔力，让你充分感受到工作的乐趣！

有个小村庄里有位中年邮差，他从刚满20岁起便开始每天往返50公里的路程，日复一日将悲欢悲喜的故事，送到居民的家中。就这样30年一晃而过，人事物几番变迁，唯独从邮局到村庄的这条道路，从过去到现在，始终没有一枝半叶，目光所及，唯有飞扬的尘土。

"这样荒凉的路还要走多久呢？"

他一想到必须在这无花无树充满尘土的路上，踩着脚踏车度过他的人生时，心中总是有些遗憾。

有一天当他送完信，心事重重准备回去时，刚好经过了一家花店。

第三章　停止抱怨，让感恩迎来光明

"对了，就是这个！"

他走进花店，买了一把野花的种子，并且从第二天开始，带着这些种子撒在往来的路上。

就这样，经过一天，两天，一个月，两个月……他始终持续散播着野花种子。没多久，那条已经来回走了20年的荒凉道路，竟开起了许多红、黄各色的小花；夏天开夏天的花，秋天开秋天的花，四季盛开，永不停歇。

种子和花香对村庄里的人来说，比邮差一辈子送达的任何一封邮件，更令他们开心。

在不是充满尘土而是充满花瓣的道路上吹着口哨，踩着脚踏车的邮差，不再是孤独的邮差，也不再是愁苦的邮差了。

在工作中，带着一份感恩的心，你会发现以前没有发现的工作乐趣！你是开心的，是富有人格魅力的！

梅丽是公司一名普通的文员，她每天乐呵呵的，大家都非常愿意和她相处，有的人工作烦闷了也愿意去找她聊聊天。一天，一个同事问他："梅丽，你是不是有什么秘诀？为什么你每天都能很快乐地工作呢？我怎么做不到呢？"

梅丽笑了："哪有什么秘诀，要是你非要一个的话，很简

单，感恩，感谢你的工作！"

那个同事愣了，"我根本就不喜欢，怎么感谢它？"

"没有这份工作，你拿什么维持生活？"梅丽问他。

"这……"同事无语。

"没有这份工作，你的专业技能去哪里运用？难道就白学了吗？"

"没有这份工作，你的个人专业技能会在实践中得到提高吗？"

……一连串的问题，使得同事语塞了！

"别紧张，所以，你得感谢你的工作啊！你知道吗？我工作的每一天，我都可以很自豪地告诉你，我是快乐的，我是在进步的！我感受到我的工作乐趣无穷！我感谢公司给我这个工作的机会，让我有不菲的收入，不必为自己和家人的生计担忧，让我的家庭越来越和谐！我感谢领导，感谢公司，感谢工作，而我唯一可以以之回报的就是在工作上努力，努力把工作做到最好，想到这些，我就非常快乐！"

以一颗感恩的心对待工作，你会发现工作越来越顺心，你自己也越来越快乐，不知不觉中你会发现，自己变成了一个积极

第三章　停止抱怨，让感恩迎来光明

向上的人，工作上的成绩也越来越突出！相反，总是以抱怨和挑剔的眼光来看待工作，你就会发现你总是陷在对工作的苦恼中无法自拔！

一位老太太有两个女儿，大女儿嫁给了一个卖草鞋的，小女儿嫁给一个卖雨伞的。每逢晴天，老太太就发愁说："唉，小女儿的伞一定卖不出去了！"每逢雨天，老太太又发愁大女儿的鞋卖不出去。

后来村里一位好心人看到老人家整天郁郁寡欢，就过来劝说老人："你是不是可以反过来想一想呢？你看，晴天，大女儿的鞋店生意红火；雨天，小女儿的雨伞就畅销了。晴天雨天都有生意可做，这不是很好吗？"

老太太听了想，唉！有道理！我怎么就不知道反过来想一想呢？

从此以后，老太太再不为晴天雨天发愁了，脸上每天都充满了笑容。

同样一件事情，换个角度看问题，烦恼就飘走了，欢乐就跟随而来了！工作上也是一样的道理。

工作本身的繁简并不重要，重要的是我们是否拥有一颗积

与其抱怨，不如感恩

极的感恩的心！我们的心态决定了我们是否快乐！我们的心态也影响了事情结果的导向！

以一颗感恩的心面对工作，我们必然是积极而快乐的，而以消极抱怨的心对待工作，我们必定陷入痛苦的循环！

美国西雅图有一个很特殊的鱼市叫作 Parkplace Market，他们特殊的卖鱼以及批发处理鱼货的方式，曾经被许多电视台报道过，也让这个鱼市成了游客如织的观光景点。

与一般鱼市场渔民们埋头苦干的静默不同的是，西雅图鱼市场里的鱼贩商人，每天都乐呵呵的，他们创造出了一种游戏般的工作方式，不但让自己非常快乐，也让前来买鱼的客人感染了快乐的气息。

在西雅图鱼市场里，你根本看不到脸色沉重的人！那些鱼贩们，他们总是面带笑容，将冰冻的鱼像棒球一样在空中飞来飞去地传递着，简直就是一个合作无间的棒球团队！传鱼的同时，大家嘴里还不时唱着歌："啊！五条鳕鱼飞往明尼苏达。""八只螃蟹飞到堪萨斯去了！"惹来一片欢声笑语！

如今，这些鱼商们个个手艺精湛、身手不凡，简直可以和马戏团杂耍团员的精彩演技相媲美了！鱼市场欢乐的工作气氛

第三章 停止抱怨,让感恩迎来光明

影响了鱼市场附近的上班族群,他们常到那儿去和鱼贩一起用餐,感染他们乐在工作的美好心情。

长时间下来,鱼贩们竟然不知不觉中扮演了上班族心理咨询师的称职角色,偶尔他们还会邀请顾客一起参加空中"接鱼"的游戏,即使是惧怕鱼腥味的人,也能够在热情的掌声中意犹未尽地一试再试;每个愁眉不展的人,只要一走进那个鱼市场,都会笑逐颜开,最后满心欢喜地离去,双手还提满了之前并不打算买的鱼。

后来,有不少苦于无力提升工作士气的公司主管跑到那儿去询问鱼贩:"为什么你们一整天在这个充满鱼腥味的地方做苦工,还能够如此快乐地歌唱嬉戏呢?"

鱼贩们说,这个鱼市场,早期原本也是个死气沉沉的地方,后来,鱼贩们觉得与其每天抱怨工作的腥臭与沉重,还不如改变自己的工作质量,于是一个创意接着另一个创意,一串笑声接另一串笑声,他们终于成为鱼货市场中的"美国奇迹"……

鱼贩们顿了顿,带点调皮地说,至于改变之后有没有副

作用呢？有！当然是有啊！那就是财源滚滚而来！有谁能抗拒"买鱼送快乐"的另类吸引力呢？

鱼贩们活得非常智慧而快乐！他们的一首歌，唱出了他们的智能与心思：

过去已成历史，未来难以预知！

今天是个礼物，而今天就是此时此地；

能使我们感觉如鱼得水的快乐因素，不是环境、而是态度……

现实生活中，我们所从事的行业可能并不是我们所喜欢的，我们可能也无法改变自己的职业，这又有什么关系呢？一个人在工作上是否做得快乐，做得出色，不在于工作本身，而在于我们对工作的态度！心怀感恩，积极面对，枯燥的工作也可以成为我们的趣事，从而让我们爱上它！让我们学学西雅图市场的那些鱼贩们，在工作中去感受如鱼得水的快乐，因为这种快乐的取得，不在工作本身，而在我们的心态！

积极的心态一旦建立，就会形成一个良性循环，我们将在工作中感受乐趣，感受收获！

做一个懂得感恩的人，你会越来越多地发现生活和工作的

第三章 停止抱怨，让感恩迎来光明

快乐，而一个抱怨的人，看到的只是生活和工作的苦恼以及诸多无奈！既然我们是自己的主人，我们可以自己选择，为什么不去选择做一个懂得感恩的人呢！收获快乐，收获成长，也收获财富！

　　感恩吧，感恩工作，如此，我们才能在未来的日子中，扬起希望的风帆，积极地工作，在快乐中收获，在快乐中成长，快乐并美丽着！

坦然面对工作中的得与失

一个人能有多大的成就,和他的心态密不可分。积极良好的心态对一个人的成长和成功至关重要。"淡泊明志,宁静致远","不以物喜,不以己悲"。在工作中,我们应该始终保持一种平和的心态,坦然面对工作中的得与失,做到得之淡然,失之泰然,平和自然地对待一切。

"塞翁失马,焉知非福",人的一生不可能一帆风顺,工作也是一样的。我们会遇到挫折,也会遭遇不顺,不管怎样,都请平静地接受这一切,从容而坦然地面对得失,请相信,当你失去一些的同时,也会得到一些。上帝是公平的。平和地走

第三章 停止抱怨，让感恩迎来光明

过磨难，你会发现你的人生又走向了新的天地！

在一次风浪中，一艘渔船沉了。唯一幸存的渔民被风浪冲到了一座荒岛上。每天，这位幸存的渔民都翘首以待，希望有船来将他救出。然而，他每天盼到"凡度多阳红"，还是没有船来。

为了活下去，他就辛辛苦苦地弄来一些树木枝叶给自己搭建了一个临时的家。每天，他默默地向上帝祈祷着。然而，不幸的事发生了，一天当他外出寻找食物时，一场大火顷刻间把他的临时家化为了灰烬，他眼睁睁地看着滚滚浓烟直冲云霄悲痛万分，眼中充满了绝望。待四个小时后，又是夕阳西照时，当他还在痛苦中煎熬，风浪拍打船体的声音惊醒了他的思绪，一只大船正向他驶来。

他得救了。

"你们是怎么知道我在这里的？"他问。

"我们看见了你燃放的烟火信号，知道你还活着。"

工作、生活都是一样的，不必为失去黯然神伤，失去的同时未必不是另一种获得，就像那个渔民，失去了一个临时的家，得到的却是营救人员的到来。

得失随缘，心无增减。以平和、坦然的心态面对得失，摆脱内心的浮躁，自在、自足地生活，你会发现人生到处是欢乐。

现代社会，人们总是太过于关注自己的利害得失，只想得到而不愿意失去，得到的时候欣喜若狂，失去的时候沮丧万千。要知道，这个世界上没有只得到而不失去的规则，不要认为得是生活中理所应当的事情，而失去就是不可被接受的。不管工作还是生活，本身就是一个得而复失、失而复得的不断循环的过程。

"宠辱不惊，笑看庭前花开花落；去留无意，漫随天外云展云舒。"坦然面对得失，是一种难得的人生境界。工作中，很多人总是幻想着得到一切，名誉、地位、财富，而不愿做出任何一丝一毫的牺牲，他们早已习惯获得，从未想过还要失去。于是，他们日渐膨胀的心死命抓住一些东西，因为他们害怕失去。长期如此，这种心理使得我们患得患失，从而背着沉重的包袱度过每一天，导致自身压力的加重。周国平在《论得和失》中这样写道："耶稣说：'富人要进入天国，比骆驼穿过针眼还要困难。'对耶稣所说的富人，不妨作广义的解释，凡是把自己所占有的世俗的价值，包括权力、财产、名声等等，看得比精神的价值更宝贵，不肯舍弃的人，都可以包括在内。如果心地不明，

第三章　停止抱怨，让感恩迎来光明

我们在尘世所获得的一切就都会成为负担，把我们变成负重的骆驼，而把通往天国的路堵塞成针眼。"

中华民族自古就有"舍得"之道，"舍得舍得"，是"舍"在先，"得"在后。世界上的事情总是有"舍"才有"得"，"一点都不肯舍"或"样样都想得到"必将事与愿违或一事无成。

美国作家杰克·伦敦写过这样一个故事：

有两个猎人，他们扛着猎枪和沉重的黄金，在布满荆棘的沼泽地里艰难地前行，然而猎枪却没有子弹。在过一条湍急的河流时两个人走散了。其中一个人不肯舍弃黄金和猎枪，结果累得晕倒，被狼吃了。而另一个人舍弃了黄金和猎枪，与追赶他的病狼斗智斗勇。最后，病狼倒下了，人却活了下来。

舍得，舍的是身外之物，得的却是身家性命。

我们每个人若是懂得了舍得的智慧，我们的心定是轻松愉悦明朗的，生命也会向我们展开另一道美丽的风景。

在我们的工作中，我们也要懂得运用这种舍得之道，平和地对待工作中的得失。

著名剧作家萧伯纳曾经说过："人生有两大悲剧，一是没有得到你心爱的东西，另一是得到了你心爱的东西。"没有得

与其抱怨，不如感恩

到心爱的东西，我们往往心有不甘，悲观落寞，于是我们费尽心思去追求；而得到了心爱的东西，觉得它跟自己想象中的感觉千差万别，不过如此而已，人生的得失境遇往往就是如此戏剧性和对立。人生的最佳状态就是满怀希望，不断追求，在渴望得到的同时，也习惯失去！在珍惜拥有的同时，也懂得适当放弃，坦然面对得失，这是人生难得的一种境界。

学者周国平说："人生有两大快乐，一是没有得到你心爱的东西，于是你可以去寻求和创造，另一是得到了你心爱的东西，于是你可去品味和体验。"是啊，把立足点移到创造上，以审美的眼光看待人生，以积极的态度对待人生，这样的人生才会充满欢乐。

美国联合保险公司有一位销售人员，名叫芙伦，他很想当公司的明星销售人员。他非常喜欢推销的工作，他觉得自己在推销工作上极富天赋；他也相信总有一天自己在推销行业会有所成就。

在两年前刚刚进入保险行业的时候，由于自身学历、经验所限，芙伦常常受到不公平的待遇，公司里各种麻烦的事情、同事们不愿意去做的工作总是交给他去做。但是，芙伦并不计

第三章 停止抱怨，让感恩迎来光明

较这些。为了不断进步，积累工作上的经验，艾伦很愿意接受这样的工作，对他来说，这是一种考验和锻炼。

那是一个寒冷的冬天，部门决定让艾伦去负责在威斯康辛州一个城市里的某个街区，这个街区距离远，人口少，在这个区域以前还没有谁成功推销过一份保险单。但是，艾伦没有抱怨，没有反驳，接到任务立即起程。

第一天去，他一次也没有成功。他对自己非常不满意，他觉得自己可以做得更好！第二天，他在出发之前对同事讲述了自己昨天的失败，并且对他们说："你们等着瞧吧，今天我会再次拜访那些顾客，我会售出比你们售出总和还多的保险单。"

基于这种心态，艾伦回到那个街区，又访问了前一天同他谈过话的每个人，结果售出了66张新的事故保险单。这确实是了不起的成绩，而这个成绩是他当时所处的困境带来的，因为在这之前，他曾在风雪交加的天气里挨家挨户走了八个多小时而一无所获。但艾伦能够把这种对大多数人来说都会感到的沮丧变成第三天激励自己的动力，结果如愿以偿。面对这样的成绩，艾伦非常高兴，这个成绩一直激励他继续不断向前！

艾伦的表现无疑是出色的！在工作中，面对失去，面对困境，艾伦没有自暴自弃，而是踏踏实实工作，将困境变成激励自己不断向前的动力，以一种积极豁达的心态迎难而上，于是，他获得了成功！而在获得成功之后，面对这份所得，艾伦也没有得意忘形，而是继续努力，不断向前，以波澜不惊的淡定追求自己的目标！

诗仙李白曾说"千金散尽还复来"，面对工作中的得与失，我们大可不必过悲过喜。得到与失去是我们人生往复的一个过程。有人说过："人生是立体的雕塑，不是平面的彩图。只有如意，没有失意，人生就很苍白。战胜失意就是为了如意，要如意就必须冲破失意的藩篱。"

以一颗平常心对待工作中的得失，专心于工作，生活于当下，让我们精神的花园日趋富饶，这样的人生才会变得简单而多彩！正像席慕容所说："你要活得随意些，你就只能活得平凡些；你要活得辉煌些，你就只能活得痛苦些；你要活得长久些，你就只能活得简单些。"

第29届奥运会上，中国选手杜丽失利后泪流满面地说："我真的很想让五星红旗飘扬在射击馆的上空，我努力了……"第四次出征奥运会的37岁的男子气手枪老将谭宗亮仅

第三章 停止抱怨，让感恩迎来光明

收获一块铜牌。他说："四届奥运会只有一块铜牌，对我来说有些残忍，但自己付出了就可以了。"

得与失永远是我们人生中的一部分，得到了不必大喜过望，失去了也不必萎靡不振，自此丧失信心和勇气！始终保持一颗良好的心态，追逐自己的梦想，胜不骄败不馁，这才应该是人生的常态！

人的一生总是会有很多梦想，有很多期盼，小到自己升职，加薪，大到自己当老板，声名显赫，但是，很多时候，梦想不会遂人意，成为令人陶醉的现实。但是，不管怎样，请以坦然的心面对，以感恩的心对待，这样，人生的路途才会走得快乐，才会充满色彩！因为失去的同时未必不是另一种获得。正像有人说的那样："希望大路平坦笔直，却常有蜿蜒和崎岖，希望播种后能五谷丰登，却常有风霜与雪雨。失意像秋风，虽不如春风和煦，却能把果实吹红，失意似磨石。虽能把人的灵魂磨痛，却会让人的生命丰富。"

与其抱怨，不如感恩

美国成功哲学演说家金·洛恩曾经说过："成功不是追求得来的，而是被改变后的自己主动吸引而来的。"在工作中，与其消极抱怨，不如积极改变。

稻盛和夫年轻的时候，有一次憋气冲冲地回家，对哥哥说："哥，你知道吗？老板太不够意思了，我跟着他干了好几年了，可是他一次工资也没给我涨过！这样工作下去，真是太没劲了，我都不想干了！"

哥哥静静地听着稻盛和夫的抱怨，等他说完，哥哥才平静地对他说："你现在就是被抱怨附了体，长期下去，你的成长

第三章　停止抱怨，让感恩迎来光明

一定会受阻的！因为如果你一直保持这样的心态，即使不在这里干了，到别的公司，你还是会遇到现在的问题！你现在唯一应该做的不是一味地挑剔和抱怨公司，而是应该改变自己的心态，不断提升自己。"

听了哥哥的话，稻盛和夫立马沉默了，陷入了深深地沉思。是啊，老是抱怨老板给的薪水太低，可是却没有想想老板为什么不给自己涨工资，这样的话，即使再换其他的工作，薪水又能涨多少呢？

自此之后，稻盛和夫开始努力改变自己，他总是认认真真做好自己的工作，不断提升自己的能力和技能。他的努力得到了老板的认可，老板越来越器重他，薪水也不断上涨。

几年之后，稻盛和夫离开了公司，创办自己的企业，成了享誉世界的著名企业家，日本高科技时代最著名的企业领袖，被世人称为"经营之神"。

当人遭遇不顺的时候，往往心情沮丧，于是开始牢骚满腹，怨天尤人，各种抱怨的言语随之而来。然而，抱怨有意义吗？抱怨就可以改变当前的状况吗？要知道，抱怨是最消耗能量的无益举动。它不仅无益于问题的解决，还使得我们的境况

变得更糟,从某种程度上来说,抱怨破坏了我们的生活。

对工作中的每一个员工来说,想要进步,想要成功,就要远离抱怨,因为与其消极抱怨,不如积极改变,着手进行问题的解决。

艾丽今年刚满30岁,她已是美国一家化妆品公司的老总,这个公司是她一手创办起来的。小时候,艾丽和奶奶生活在乡下。奶奶开了一家小杂货店,她为人慈祥又和气,所以邻居们都喜欢和她聊天。每当那些喜欢抱怨、爱发牢骚的邻居到商店买东西时,奶奶总是把艾丽拉到身边,让她听自己和邻居的对话。

有一次,邻居爱普生前来买烟。奶奶问他:"今天怎么样啊,爱普生?"

爱普生长叹一声道:"唉,今天不怎么样啊,哈德森大姐。你看看,这天气这么热,气死人了。这种鬼天气,真要命啊!"

奶奶一边给他拿香烟,一边附和着说:"是啊,是啊!嗯,嗯……"

一直抱怨了十多分钟,爱普生才离开了小店。

又有一次,邻居汤姆一进店门就向奶奶抱怨道:"哈德森大姐,真是气死我了!我再也不想干犁地这活儿了!尘土飞扬

不说,驴子还不听使唤。我真是干够了!你看看我的腿、脚,还有手、眼睛、鼻子,到处都是尘土,我真是干够了!"

奶奶仍然是那副老样子,一边给他拿东西,一边附和着说:"是啊,是啊!嗯,嗯……"

等汤姆发完牢骚离开小店,奶奶把艾丽拉到身前,问她:"孩子,你听到这些喜欢抱怨的人说的话了吗?"艾丽点点头。奶奶接着说:

"孩子,在每个夜晚都会有一些人——不管是白人还是黑人,不管是富人还是穷人——酣然入睡后便再也不会醒来。那些与世长辞的人,睡觉时不会感到暖和的被窝已变成冰冷的灵柩,身上的羊毛毯已变成裹尸布,他们再也不能为天气热或驴子不听话而唠叨一分钟。孩子,你要记住:不要抱怨,因为抱怨不能解决任何问题。如果你对现状不满意,那就设法去改变它。如果改变不了,那就改变你的心态去面对它,但你一定不要去抱怨什么。"

长大后,艾丽牢记着奶奶的话,无论遭遇多大的挫折,她都从未抱怨过,最终靠自己的勤奋和智慧打拼出了一片天地,

成了业界有名的女强人。

俗话说:"人生不如意事常八九。"在遭遇不如意的时候,与其一味抱怨,怨天尤人,不如平静待之,努力改变。因为抱怨没有丝毫意义,它只会招致更多的抱怨,使得我们无暇去解决问题,将时间浪费在抱怨上。而如果换个心情,积极去改变,常常使得事情发生转机,将问题引向好的解决方向,正所谓"柳暗花明又一村"。

有一个刚刚大学毕业的女孩王莉,她满怀信心带着自己精心制作的一部作品到一家知名的广告公司面试。前来面试的人很多,根据面试号,王莉是最后一个。两个小时过去了,前面还有八九个面试者,为了缓解一下情绪,王莉向广告公司的接待人员要了一杯温水,不幸的是,就在接待人员将水递给王莉时不小心将杯子打翻了,水全都洒到了王莉的作品上。慌忙之下,接待人员赶紧用手将水抹去,可是作品已变得皱皱巴巴,原本鲜明的线条也变得模糊了。王莉一下子愣住了。该怎么办呢?这可是她面试成功的重要砝码!如今作品这样,该如何向考官解释自己的创意和构思呢?接待人员接连向王莉道歉,王莉没有生气,也没有发火,她知道,这时候任何的愤怒和抱怨

第三章 停止抱怨，让感恩迎来光明

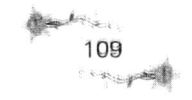

都无济于事，事情已经如此了。"没关系，没关系，让我想想办法。"王莉对接待人员说着，又似乎是说给自己听。冷静了一会儿，她赶紧向接待人员借来了纸和笔。在有限的时间里，她专心地用一张白纸将自己创作的作品简单地再描画了一遍，用另一张白纸将原作品被淋湿的事情大概地叙述了一下。面试结束后，王莉从众多的面试者中脱颖而出，被公司录用了。后来提到那次的面试情况，主考官跟她说："广告注重创意和变通，你的作品虽然简单但却体现了这一点。"

工作中，常常有很多员工牢骚满腹，他们甚至觉得自己的抱怨还蛮有道理，公司的管理太苛刻了，薪水太低了，任务量太大了，上级领导对自己不重视，公司的福利不好，工作环境太差了，自我发展空间很小，等等。他们用这样的理由来为自己在工作上的偷懒耍滑，浑水摸鱼开脱罪责。长时间下来，不仅对公司的发展无益，更是浪费了他们自己的大好青春！

在工作中，你做得不好，你没有得到加薪，为什么呢？你总是抱怨外在的环境，为什么不从自身找一下原因呢？静下心来，认真地作一番自我检讨，停止抱怨，积极改变，相信你的人生会翻开新的篇章！

英国诗人布莱克曾经说过:"只要你愿意停止抱怨,就不用擦拭悔恨的眼泪,一旦你继续抱怨,就永远也擦不完那些伤心的眼泪。"抱怨带给我们的除了悔恨、伤心,还有更糟糕的——自我的一事无成!而停止抱怨,积极想办法改变自己当前的状态,并行动起来,我们的人生也会将开始变得积极而多彩!

所以,当你抱怨薪水太少的时候,不妨想办法通过自己的努力使得工资卡上的数字越来越多;当你抱怨工作任务太繁重,不妨想办法提高自我工作效率和工作技能;当你抱怨老板太吝啬的时候,不妨成为公司里业绩最好、最会赚钱的人……每一次的抱怨都可以替代为我们不断成长、不断向前的动力——选择积极的心态,努力改变现状!

世界上为什么很多人能够成功?很大一部分原因就是他们不将时间浪费在毫无意义的抱怨上,而是选择以积极的行动着手问题的解决,于是,他们的人生走向了成功,走向了辉煌!

人生是我们自己的,我们握着自己的人生,我们可以选择消极抱怨,也可以选择积极改变,为什么不去选择后者呢?

第三章 停止抱怨，让感恩迎来光明

停止抱怨，让感恩迎来光明

感恩是人类情感的保鲜剂，是促使人们不断努力拼搏的奋斗筏。怀有一颗感恩之心，会更多地理解他人，也会不断发现和审视自己的内心，拥有一份豁达、乐观、友善的心境。

有两个人在沙漠中行走，走了好久，口渴难耐，可是一直也找不到水源，正巧这时候碰见一个牵骆驼的老人。老人看到他们的境况于是给了他们每人半碗水。一个人接过这半碗水，愤怒地指责老人太吝啬，太小气，抱怨之下竟不小心将这半碗水弄洒了；另一个人接过这半碗水，他深知这一点水难以解除身体饥渴，但他却油然而生一种发自心底的感恩，并且怀着这

份感恩之情,喝下了这半碗水。还不忘对老者说"谢谢"!结果,第一个人因为失去这半碗水而死在了沙漠中,后者因为喝了这半碗水,终于走出了沙漠。

遇到问题,不懂感恩,只知道一味地抱怨,对事情的解决没有丝毫的意义,只会搞乱我们的心境,使得事情更糟。

威尔·鲍温在《不抱怨的世界》中如是阐述道:"天下只有三种事:我的事,他的事,老天的事。抱怨自己的人,应该试着学习接纳自己;抱怨他人的人,应该试着把抱怨转成请求;抱怨老天的人,请试着用祈祷的方式来诉求你的愿望。这样一来,你的生活会有想象不到的大转变。"

工作不会事事如意,于是抱怨的负面情绪就时常出现在我们的工作中。要知道,抱怨可是负面的吸引力法则!为什么?因为我们抱怨的事情都是我们不希望的,不喜欢的事情,而不是我们期待的事情!我们抱怨的时候,将我们的焦点放在不如意、不快乐、让我们沮丧的事情上,于是,我们吸引来了更多的不如意,不快乐,更多的沮丧,导致我们身上的负性能量越来越多。要知道,思想创造生活,长此以往,我们就陷入了越抱怨越糟糕的境况中。

那么,该如何从糟糕的境况中逃脱出来,走向我们希望的

第三章　停止抱怨，让感恩迎来光明

境遇呢？践行感恩，创造不抱怨的世界！不抱怨就像一把钥匙打开了我们通向快乐、成功的心灵之窗，唤醒我们内在的期盼已久的改变。

如何才能称为不抱怨？不抱怨就是宽容地接纳所有人和事物，能够以积极的心态面对自己的生活、工作等一切，能够为自己的人生做出积极的改变，时刻怀有一颗感恩之心。

曾有一个修行人，乘船渡江，不想风大浪高，把船打翻了。修行人像一片树叶般在江中沉浮了许久，才筋疲力尽爬上岸来。到了岸上的第一件事，他不是责骂船家的无能让他丢失随身携带的一切，也不是诅咒恶风险浪差点要了他的命，而是跪在沙滩上遥拜师父："谢谢师父！"有人不解地问："你为什么不谢谢菩萨？"修行人说："原来我并不喜欢游泳，都是师父每次强把我拉入水中，教我学会的。若不是师父，我命今日休矣！"遇了难，不是责备任何一个人，而是心存感激，人生达到了如此的超然境界，遇事如此的豁然通达，在这个世界上，还有什么事情能让你痛苦和愤恨的呢？

企业里如果能够多一些这样的"修行人"，少一些抱怨，多一些感恩，那么，企业的发展又何愁呢？个人的进步又何愁呢？

与其抱怨，不如感恩

当我们放弃抱怨，用一颗宽容而感恩的心专心地投入工作时，你会发现你的心情不仅变得愉悦，而且你所希望的一切也都在一点点慢慢地实现。

刘涛是美国奥美广告公司的一名设计师，有一次被公司总部安排前往德国工作。与美国轻松、自由的工作氛围相比，德国的工作环境显得紧张、严肃并有紧迫感，这让刘涛很不适应。

刘涛向上司抱怨："这边简直糟透了，我就像一条放在死海里的鱼，连呼吸都很困难！"上司是一位在德国工作多年的美国人，他完全能理解刘涛的感受。

"我教你一个简单的方法，每天至少说50遍'我很感激'或者'谢谢你'，记住，要面带微笑，要发自内心。"

刘涛抱着试试看的态度，一开始觉得很别扭，要知道"刻意地发自内心"可不是件容易的事情。可是几天下来，刘涛觉得周围的同事似乎友善了许多，而且自己在说"谢谢你"的时候也越来越自然，因为感激已经像种子一样在他心里悄悄发芽生根。

渐渐地，刘涛发现周围的环境并不像自己想象中的那样糟糕。

后来，刘涛发现在德国工作是一件既能磨炼人又让人感到

第三章　停止抱怨，让感恩迎来光明

愉快的事情，是感恩的态度改变了这一切！

"谢谢你！""我很感激！"时常把这些话放在心间，挂在嘴边，真诚地感谢别人，这比任何物质奖励更珍贵，它带给别人温暖的同时，更是深深温暖了自己的心，开阔了自己的心灵空间。

一个不抱怨的人，懂得用一颗感恩的心，面对并珍惜当前拥有的一切，懂得用自己的实际行动把握稍纵即逝的机会，成长自己，丰富自己。摒弃抱怨，践行感恩，你会发现，生活中有越来越多美好的事物，自己的心也变得丰满，梦想也在一步步实现！

正像威尔·鲍温所说的那样："当我们决定接纳各种人和事物，并从中发现其光明面时，我们会体验到越来越多的良善与美好。因为我们的关注，将使这样的期许在生活中实现。"

抱怨会让你失去更多的机会

奥地利小说家茨威格曾经说过:"机会看见抱怨者就会远远地避开。"工作中,我们总是不停地抱怨,抱怨生不逢时,抱怨伯乐难求,抱怨机会不等,殊不知,正是我们爱抱怨的心态,使我们错失了很多成长和成功的机会。

每个领域都有优秀而杰出的人,每个人都有出人头地的机会,问题在于我们自己是否能够真正把握得住。

机会总是垂青有准备的头脑,垂青工作中的那些"有心人",只要我们用心做好我们的工作,踏踏实实,不断努力,你会发现,工作中的机会真的很多,正等待着我们去发掘呢!

第三章 停止抱怨，让感恩迎来光明

美国作家华莱士·D.沃特尔斯讲过这样一个故事：

菲勒出生在一个贫民窟里，他和很多出生在贫民窟的孩子一样争强好胜，也喜欢玩、调皮甚至逃学。但与众不同的是，菲勒从小就有一种善于发现财富的非凡眼光。他把一辆从街上捡来的玩具车修好，让同学们玩，然后向每个人收取半美分。在一个星期之内，他竟然赚回一辆新的玩具车。菲勒的老师深感惋惜地对他说："如果你出生在一个富人的家庭，你会成为一个出色的商人。但是，这对你来说已经是不可能的事了，你能成为街头商贩就不错了。"

菲勒中学毕业后，正如他的老师所说，他成了一名小商贩。他卖过电池、小五金、柠檬水，每一样都经营得得心应手。与贫民窟的同龄人相比，他已经可以算是出人头地了。但老师的预言也不全对，菲勒靠一批丝绸起家，从小商贩一跃而成为商人。那批丝绸来自日本，数量足有一吨之多，因为在轮船运输过程中，遇到了风暴，这些丝绸被染料浸染了。如何处理这些被染料浸染的丝绸，成了日本人非常头痛的事情。他们想卖掉，却无人问津；想运出港口扔掉，又怕被环境部门处

罚。于是，日本人打算在回程的路上把丝绸抛到大海里。

港口区域里有一个地下酒吧，菲勒经常到那里喝酒。那天，菲勒喝醉了。当他步履蹒跚地走过几位日本海员身边时，海员们正在与酒吧的服务员说那些令人讨厌的丝绸的事。说者无心，听者有意，菲勒感觉到机会来了。

第二天，菲勒来到轮船上，用手指着停在港口的一辆卡车对船长说："我可以帮你们把这些没有用的丝绸处理掉。"结果，他没有花任何代价便拥有了这些被染料浸染的丝绸。然后，他用这些丝绸制成迷彩服、迷彩领带和迷彩帽子。几乎一夜之间，他拥有了10万美元的财富。

有一天，菲勒在郊外看上了一块地皮。他找到这块地皮的主人，说他愿花10万美元买下来。地皮的主人拿到10万美元后，心里还在嘲笑他："这样偏僻的地段，只有傻子才会出那么高的价钱！"令人想不到的是，一年后，市政府宣布在郊外建环城公路。不久，菲勒的地皮升值了150倍，城里的一位富豪找到他，愿意用2000万美元购买他的地皮，富豪想在这里建造别墅群。但是，菲勒没有出卖他的地皮，他笑着告诉富豪：

第三章　停止抱怨，让感恩迎来光明

"我还想等等，因为我觉得这块地皮应该增值得更多。"果然不出菲勒所料，三年后，那块地皮卖了2500万美元。他的同行们很想知道当初他是如何获得那些信息的，他们甚至怀疑他和市政府的官员有来往。但结果令他们很失望，菲勒并没有在市政府任职的朋友。

菲勒活了77岁，临终前，他让秘书在报纸上发布了一条消息，说他即将去天堂，愿意给失去亲人的人带口信，每人收费100美元。这一荒唐的消息，引起了无数人的好奇心，结果他赚了10万美元。如果他在病床上多坚持几天，还会赚得更多。

他的遗嘱也十分特别，他让秘书登了一则广告，说他是一位绅士，愿意和一位有教养的女士同卧一个墓穴。结果，一位贵妇人愿意出资5万美元和他一起长眠。

菲勒的发迹和致富，在许多人的眼中一直都是个谜。解铃还需系铃人。他那别具匠心的碑文，也许概括了他不断在平凡中发现奇迹的传奇一生，也许能帮助不少人解开他发迹和致富之谜："我们身边并不缺少财富，而是缺少发现财富的眼光。"

工作和生活中，很多人总是抱怨，抱怨工资太低，抱怨没有成长机会，抱怨房价太高，抱怨物价太高，抱怨自己生活条

件差……然而，你认真想过没有，我们并不是缺少成功和致富的机会，而是缺少发现机会的眼光，我们总是让抱怨淹没了我们发现机会的智慧！

机会并不是我们每天无所事事，抱怨不断，它就会突然出现在我们的面前，机会往往青睐那些有准备之人！而且机会的来临有时候是隐蔽的，并非我们一下就能看到，这就需要我们有一双慧眼去识别它！

世界首富比尔·盖茨曾经说过，一个人要想成功，需要具备三个条件：第一，机遇；第二，眼光；第三，行动。可是，看看我们自己，每天充满抱怨，即使机会真的来了，你会看到吗？相信你只会视而不见的。即使你真的看到了，你会抓住他吗？你也只会无动于衷！

停止抱怨吧！别让抱怨吓跑了机会！努力工作，认真地想一想如何提高自己的技能，提高自己的工作效率，如何才能把工作做到最好，做得最到位，相信那时候，机会会在不知不觉中降临到你的身边。

第三章 停止抱怨，让感恩迎来光明

心怀感恩，事业将会越来越好

心怀感恩，以积极乐观的良好心态投入工作，常常会使你的工作更加轻松，自我的发展空间也越来越大，个人能力的提升当然也更快！

英国文学家罗伯特·路易斯·史蒂文森曾经说过："生命的唯一归宿是成为我们本来应该成为的，成为我们能够成为的样子。"

要知道，一个人的潜能是无穷的，而潜能发挥了多少决定了我们事业发展的高度和宽度。而积极乐观的心态又是激发我们内在潜能的伟大力量。

以一颗宽容而博大的心面对自己的人生，以一颗积极乐观、充满感恩的心对待工作和生活，一步一个脚印，我们人生的路会越走越宽！

王华大学刚刚毕业，就进入到了一家出版社工作，担任编辑一职。由于他的文笔很好，工作也非常认真，领导和同事们都很喜欢他。但是，出版社给新员工的薪水却是很低的。工作了半年多，薪水还是没有涨。新来的员工中有的就开始抱怨了："原本以为进了出版社就能拿到高薪水，高福利，可没想到……你看，这都半年多了，工资还是这么一点点！"很多新来员工也跟着七嘴八舌议论起来。

但是，王华并没有加入他们的抱怨队伍中，他还是如往常一样。认真地审阅稿件。有的人就笑他，跟他说："王华，你傻不傻啊，出版社给咱们开这么一点儿工资，你还这么拼命工作，值得吗？"

王华没说什么，只是冲着同事微微一笑，继续他的稿件审阅工作。

当时正值全国书会的前夕，为了三个月后的书会多上一些新书，出版社策划了大批图书，这些图书的审校任务也自然就

第三章 停止抱怨，让感恩迎来光明

落到了这些编辑人员的身上，每个人都忙得不可开交。大家纷纷抱怨，王华依旧如往常般投入地工作。

到了后期，由于图书品种的增多，发行部也越来越忙。社领导干脆叫编辑去发行部帮忙。这次不仅新员工叫苦连连，就连很多老员工也非常不满。一段时间下来，编辑部就只有王华一个人去发行部帮忙了，其他的人不是借故很忙，手头的工作做不完，就是找其他的理由躲开了。

对于这个不随大溜的王华，有的人非常不解，私下聊天的时候就问他："你每天做这么多工作，工资却那么低，你不会心理不平衡吗？换了我，早就不干了！除非给我升职、加薪，我还考虑！"

王华听了笑了，对这个同事说："这是我难得的学习机会啊，还不用交学费！这么美的事情哪儿找去？我总是相信工作中，多付出一些，收获就会更多一些。我是在为自己工作，我相信这样的付出对自身的成长和成功是收益颇多的！"

时间过得很快，转眼一年半的时间已过，当时和王华一起来的员工有的已经被社里辞退了，有的依旧待在编辑部，领着

与其抱怨，不如感恩

依旧微薄的薪水！而王华却大不一样了，他的工资长了不下十几倍，并且职位也提高了，成了编辑室主任。

六年以后，王华离开了这家出版社，去开办了自己的文化出版公司，成了一个非常成功的出版人！

工作中，很多人抱怨自己的起点太低了，只能从一个小职员、一个小编辑做起，枉费了自己的一身才华！但是，你知道吗？很多成功人士都是从工作的最低点自己一步步打拼出来的！他们没有抱怨，始终以一颗积极乐观、充满感恩的心对待工作，默默地做好每一件事情！

你是否也会有怀才不遇的感慨？是否也在抱怨老板的吝啬？抱怨自己薪水的微薄？别让抱怨掩埋了我们那颗积极向上的心，振作起来，以一颗宽容而博大的心面对工作中的一切，心有多大，我们的事业就会有多大，我们的思想，我们的态度，决定了我们事业的高度。如果每天只知道抱怨，那么我们的人生也便大致如此了，不会有所改变，要说有改变，也只能是变得越来越糟糕！

英国史学家卡莱尔费尽心血，经过多年不懈努力，终于完成了《法国革命史》的全部文稿，他将这本巨著的原件送给他的朋友米尔阅读，请他批评指教，以便进行进一步的完善。

第三章 停止抱怨，让感恩迎来光明

然而，就在第二天，米尔神色慌张地跑来，向卡莱尔诉说了一个非常不幸的消息！卡莱尔的手稿全被米尔家里的用人当作废纸，丢进火炉化为灰烬了，只剩下了少数的散页！

这个消息简直如晴天霹雳！要知道，这是他几年的心血啊！而且，更糟糕的是，这是仅有的一份稿件，当初他每写完一章，就随手把原来的笔记、草稿撕碎扔掉了，所以没有留下任何记录。

几分钟以后，卡莱尔的心情慢慢平复下来！他知道，这时候抱怨没有任何作用！他看着悲伤的米尔，拍拍他的肩膀，对他说："没关系，就当我将自己的作文交给老师批阅，老师看了之后对我说，这篇不行，重写一次吧，因为我相信你可以写得更好！"

第二天，卡莱尔重振精神，开始重写这部巨著。

所以我们如今读到的《法国革命史》，是卡莱尔重新写过的。而这一稿的质量，无论是从文字上还是内涵上，都达到了卡莱尔写作生涯的巅峰。

试想，面对这样的不幸，如果卡莱尔抱怨满腹，没有积极乐观，宽容而博大的心胸，陷入悔恨——当初不该将文稿交与

米尔，或是抱怨的旋涡中——都是米尔用人的错，不可自拔，那么他还有会有时间和精力来重写这第二部书稿吗？恐怕换作一个抱怨之人，历史上就要少一部巨著了！

英国前首相劳合·乔治有一个习惯——随手关上身后的门。有一天，乔治和朋友在院子里散步，他们每经过一扇门，乔治总是随手把门关上。"你有必要把这些门关上吗？"朋友很是纳闷。

"哦，当然有这个必要。"乔治微笑着说，"我这一生都在关我身后的门。你知道，这是必须做的事。当你关门时，也将过去的一切留在后面，不管是美好的成就，还是让人懊恼的失误，然后，你又可以重新开始。"

朋友听后，陷入了沉思中。乔治正是凭着这种精神一步一步走向了成功，登上了英国首相的位置。

身后发生的事情不管是辉煌的业绩还是令人懊恼的遗憾，都已经过去，都已然在我们时间的长河中成为历史。背负着过去的悔恨、遗憾和痛苦，就无法做到以豁达、宽容、积极的心来面对以后的生活，给我们的心灵增加负累，让我们以后的路走得步履维艰；同样，时刻将昨天的荣誉记在心间，也会使得

第二章　有一颗感恩的心

我们沾沾自喜，忘记了自己当下应该努力去过的生活，应该努力去做的工作！

爱默生经常以愉快的方式来结束每一天。他告诫说时光一去不复返。每天都应尽力做完该做的事。疏忽和荒唐事在所难免，尽管忘掉它们。明天将是新的一天，应当重新开始一切，振作精神，不要使过去的错误成为未来的包袱。

把每一天都当作一个新的起点，以积极的心态迎接每一天的朝阳，这样的人生将是积极而充满活力的，也必定是充满一个又一个新的成就的！

第四章 知足惜福，感恩生命

感恩生命中的一切

生活在世界上的每一个人都要学会感恩。感恩并不仅仅是一种美德,也是一种个人品格的体现。当我们得到别人帮助后,一定要把别人给予我们的帮助牢记在心,一定要怀着一颗感恩的心去感谢那些曾经帮助过我们的人,只有这样我们才会得到别人的尊重,才会永远地生活在快乐当中。

能够真正取得成功的人内心一定是善良的,一个善良的人永远都会怀有一颗感恩的心,当我们得到别人帮助后,一定要学会报答。知恩图报是每个人都应该做到的一件事,那些忘恩负义的人永远都不会得到好的结果。我们要珍惜眼前的一切,

包括亲情、爱情和友情等等，这些都是上天赐予我们的，即使我们有一天会失去它，可我们一样要感谢它曾经给我们带来的一切。

有一个小女孩，从小没有说话的能力。小女孩从小就和母亲相依为命，妈妈每天都要为自己的女儿生活得好一点拼命工作。每天晚上女孩都会到回家的路口去接妈妈，妈妈每天也都会给女儿带回一块年糕。虽然只是一小块年糕，可在这个贫困的家庭里却是世界上最好的美味。

一天外面下着大雨，妈妈回来的时间已经过了却还见不到她的身影。小女孩撑着一把破旧的雨伞站在路口等着妈妈，她希望妈妈能早点回来。雨越下越大，天色已经很晚了，女孩始终没有等到妈妈。她有些急了，就沿着妈妈下班回家的路去找妈妈。她顶着大雨一步步地往前走，终于看到了已经跌倒在路边的妈妈。她赶忙跑了过去扶起妈妈，不管她怎么用力摇动妈妈的身体，妈妈都没有回答。小女孩以为妈妈太累了，她一定是睡着了，她抱着妈妈的头放在自己的腿上，希望她能睡得舒服些。可就在这个时候她发现妈妈的眼睛并没有闭上！小女孩突然大哭起来，她知道妈妈已经永远地离开她了。小女孩不

第四章　知足惜福，感恩生命

敢接受这个事实，她一边哭一边摇动着妈妈，希望可以把她叫醒。

雨一直都没有停，这个女孩不知哭了多久。她心里非常清楚妈妈不会再醒过来了，世上唯一的亲人也离开了她，现在只剩下她自己一个人了。妈妈的眼睛始终没有闭上，她一定是不放心自己的女儿。小女孩停止了哭泣，她坚强地用手语一遍遍地告诉妈妈：她一定会好好地活下去，她感谢妈妈这些年来为她所做的一切，让妈妈放心地离开这个世界……

这个小女孩很可怜，妈妈也很可怜。但她们都很伟大，妈妈用自己的一生呵护着女儿，而女儿是那么的坚强，在忍受妈妈离开痛苦的同时，也没有忘记感谢妈妈为她付出的一切。女孩的心灵是善良的，她拥有一颗感恩的心。这个故事时刻都在提醒我们，做人一定要有一颗感恩的心。

不幸发生在两个孩子的身上，在一次火灾当中他们都失去了自己的父母。两家一直都是友好的邻居，当失去父母以后两个孩子相依为命，靠给别人做杂活换一些吃的来维持着生活。女孩的年龄要大一些，她处处都让着比自己小两岁的弟弟。每次有吃的她都会多分给弟弟一些。乡亲们都很照顾这两个孩

子，可是当时正在遭受旱灾，谁家都没有多余的粮食，就只能偶尔给他们一些吃的。

也许是穷人的孩子早当家，两个孩子都特别坚强懂事，弟弟即使是几天都没有吃饱肚子，他也不会埋怨姐姐一声。每当姐姐给他带回食物的时候他都会对姐姐说："等我长大了一定要当一名将军，好好地保护姐姐，保护乡亲们，再也不会让土匪欺负你们。"姐姐每次听到弟弟对自己说这句话心里都是无比高兴。由于受灾的很多人都去做土匪，他们经常跑到村子里抢百姓的粮食。所以小男孩想做一名将军，保护姐姐、保护乡亲们。

小男孩聪明过人，他喜欢读书，可当时连吃饭都成问题，根本就没有钱供他读书。小男孩热爱读书，他只能跑到学堂的窗下偷偷地学习。让人感到吃惊的是，就是在这样的情况下他学东西的速度竟然比那些坐在学堂里面的小孩还要快。乡亲们都称他为神童，大家决定每家凑些粮食换些钱给小男孩拿去做读书的学费。当乡亲们把用粮食换来的钱交给小男孩的时候，他向所有人发誓一定要好好读书，长大后成为一名将军保护大家的安全，报答大家的恩德。

第四章　知足惜福，感恩生命

　　小男孩没有让大家失望，他虽然没有成为一名将军，可他却考取了功名，成了一名县官。他没有忘记乡亲们的恩情，上任以后处处为百姓着想，他为当地的百姓修了水渠，村庄的田地再也不会干旱，每年都会有个好的收成。以前那个聪明的小男孩，已经变成了一位人人都称赞的好县官。大家都说他是个好人，说他知恩图报，没有辜负乡亲们对他的期望。

　　他因为百姓的利益得罪了上面的大官后被诬陷抓了起来，他被定下了死罪，就在拉他去砍头的那天，乡亲们全部跪倒在通往刑场的路口上，阻止了刑车的前进，清廉的县官才逃过了这一劫。

　　县官是个懂得感恩的人，他时刻都没有忘记乡亲们曾经给予他的帮助，如果没有乡亲们的帮助，他是没有今天的。也正是他的这种感恩打动了乡亲们，他们不顾及自己生命安危跪倒在刑车下面，阻止了刑车的前进才使清廉的县官保住了性命。

　　做人一定要学会感恩，如果县官是一个忘恩负义的人，在他遇到困难的时候，不会有人不顾自身的安危去解救他，那等待他的也只有死亡。好人有好报，善良的人永远都会得到大家的支持，不管你遇到了多大的困难，心存爱心的人都会向你伸出援助之手。

感谢竞争对手

感谢自己的竞争对手,说起这句话时,很多人可能会嗤之以鼻,"我有心理问题吗?他排挤我,跟我抢职位,和我抢客户,到头来却让我感谢他"。

没错,就是应该感谢我们的竞争对手!正是因为竞争对手的存在,才使得你更加积极努力,使得你的内心更加强大,使得你激发出自己巨大的潜能,使得你懂得自尊、自立,最后,让你的人生更加与众不同。

在工作中,我们一定要摆正自己的心态,怀着一颗感恩的心对待竞争对手。因为如果没有他们,我们就不会如现在这

第四章　知足惜福，感恩生命

般优秀；没有他们，我们就不会发现自己原来拥有如此般的毅力；没有他们，我们很少去反省自己的不足，让自己的人格得到更好地完善；没有他们，我们也不会如现在这般睿智！这就是竞争带来的积极效应，它带来活力，带来进步，使得个体更好地生存和发展！没有了竞争，社会也就停滞不前了！

很久以前，在挪威的一个小镇，那里的人大多靠捕鱼为生。小镇紧靠着大海，因出产沙丁鱼而小有名气。在那里，渔船归航抵港时，只要沙丁鱼是活着的，一定会被抢购一空，卖个好价钱。遗憾的是，由于每次出海的时间比较长，等到归来时，沙丁鱼已经死去很多。也正因为如此，活着的沙丁鱼才格外惹人垂涎三尺。渔民们想尽方法，尝试着让沙丁鱼存活，但是没有一个人成功。

有一天，一位老渔民和往常一样准备出海打鱼。出发前，他那可爱的小孙子撒娇地告诉爷爷一定多带回一些沙丁鱼。爷爷高兴地亲了亲孙子，就出发了。

在海上忙碌了几天，老渔民打捞了很多沙丁鱼。他非常高兴，驾着船火速返回。希望到家的时候沙丁鱼还活着，不仅可以卖个好价钱，还可以给自己可爱的孙子做来吃，新鲜美味。

赶回的途中，老渔民喝口水喘口气，他回头看看鱼舱里的沙丁鱼，让他非常懊丧的是，沙丁鱼已经不再鲜活了，一条条懒洋洋地潜在水中，一动不动，简直就像一个个八九十岁的老人，没有一点生气！

老渔民一边察看着鱼舱，一边心里暗暗着急。可是他没有办法，只得和以前一样，挑出那些死去的鱼。这时候，他看见一条非常肥美的鲇鱼漂浮在水面，心想它肯定也是死了，于是捞起来打算扔掉。可是让人出乎意料的是，鲇鱼忽地一跃，挣脱他的手掌，掉进了装着沙丁鱼的鱼舱。

老渔民顺利归航了。当他到达岸口时，原来以为活着的沙丁鱼肯定所剩无几，然而让他吃惊的是，那些沙丁鱼竟然都是活蹦乱跳的。老渔民感到非常意外，于是经过反复研究，他终于发现了沙丁鱼存活的秘密：原来是鲇鱼的存在才使得沙丁鱼保持了自己生命的鲜活！

大家想象一下，到了一个陌生的环境，身边不同的鱼种，鲇鱼很害怕，它四处游动，到处挑起摩擦。而本来鱼舱里的大部分沙丁鱼是昏昏欲睡的，忽然发现多了一个异己分子，它们睁大眼睛，神经绷得紧紧的，快速在舱内游动，打量着眼前的

第四章　知足惜福，感恩生命

外来客。它们就像两军对阵一样，随时准备着发起攻击。就这样，整槽鱼上下浮动，使水面不断波动，带来充足的氧气，不管沙丁鱼还是鲇鱼都保持着紧张的情绪，如此这般，最后使沙丁鱼活蹦乱跳地运进渔港了。

在自然界中，优胜劣汰，适者生存。没有敌人的动物，往往最先失去生机，甚至死亡。而有敌人的动物往往会逐渐繁衍壮大。在残酷的竞争面前，生物逐渐进化和改变，让它们更适宜生存。

人类社会也是一样的道理。在工作中，有了竞争对手，才能时时保持警惕，保持向上的态势，将压力转化为动力，让自己不断进步；而没有了竞争对手，则人们的心态一下放松了，学习与否无所谓，反正又不会没有饭吃，不会没有工作挣钱，动力消减，能力消退，人体各个部分的机能也会逐渐萎缩。所以，从这个角度上来说，我们应该感激竞争对手，是竞争对手激活了我们生命的活力，让我们不断激发自己内心的巨大潜能，不断成长，不断进步。

康熙皇帝在他六十岁的寿宴上，举杯敬了三个人。一是他年幼时对手鳌拜，一是台湾的郑经，还有准噶尔的噶尔丹。用康熙自己的话说："如果没有他们一次次地威胁我的生命、我

的帝国,我就没有现在的丰功伟绩。"

这是一位强者的态度!如果每个人都具有康熙那样的胸怀,那样的心态,又何愁不会成功呢?

苏宁集团董事长兼总裁张近东曾经推心置腹说不希望国美出大事。他说如果国美倒下了,对苏宁来说,温水煮青蛙的日子就到了。商场如战场,商场上是需要竞争对手的!没有了对手,人就慢慢退化了,就没有进步可言了!

竞争是人类社会前进的动力所在,正是因为竞争对手的存在,才使得我们更加强大,更加优秀,拥有更顽强的意志力。正如列宁说过的那样:"竞争在相当广阔的范围内培植进取心、毅力和大胆首创精神。"

因此,感激你的竞争对手吧! 他们是我们懈怠时的强力针,是我们自傲时的清醒剂,是我们颓废时的催战鼓!他们让我们精神抖擞,乘风破浪,勇往直前,将我们推向成功的制高点!我们的内心也会因为感恩而变得更加宽容,更加博大!

第四章　知足惜福，感恩生命

感恩失败

菲里浦斯说："什么叫作失败？失败是到达佳境的第一步。"

爱迪生说："失败也是我需要的，它与成功对我一样有价值。"

刘易斯·托马斯说："如果没有人向我们提供失败的教训，我们将一事无成。我们思考的轨道是在正确和错误之间二者择一，而且错误的选择和正确的选择的频率相等。"

这些都是前人教给我们的对待失败的态度。

这个世界上有贫穷也有富有，有丑陋也有美丽，有欢喜也

有悲伤，有成功也有失败，然而从这些事物中，我们最终看到什么，得到什么，取决于我们自己，我们是自己思想的主人。认真努力地工作，用一种感恩的心态对待工作中的失败，最终，你会走过失败，迎来自己灿烂的人生。

美国作家罗伯特·冈瑟讲述了这样一个事例：

1953年，詹姆斯·伯克在强生公司的职业生涯还没开始就几乎结束了。刚进入公司的时候，他是几种非处方儿童药品的产品总监，但所有产品都失败了，给公司造成数百万美元的损失。他被叫到总裁的办公室，那一刻他觉得自己肯定要被解雇了。出乎他的意料，总裁约翰逊先生告诉他：做生意就是做决策。不犯错误你就学不会正确地做决策，但是同样的错误不要犯两次。另外，为了让伯克能够胜任目前的职位，公司花费了数百万美元让他学习，花这些钱可不是为了让他离开公司的。

由于允许伯克犯这么大的错误，约翰逊先生改变了伯克的职业生涯，伯克日后成为强生公司最伟大的领导之一，同时还是最受人尊敬和最有勇气的首席执行官之一，并被《财富》杂志提名为"史上最伟大的10位首席执行官"。约翰逊先生也同样帮助公司创建了一种允许员工犯错误的企业文化。这是伯克

第四章　知足惜福，感恩生命

永远也不会忘记的一课。

人无完人，在我们的工作过程中，我们不可能永远不犯错误。而且很多时候，是我们犯了错误以后，才能更深刻地思考问题所在，并在错误中收获，在错误中成长。所以，我们应该感恩这些失败的经历，让我们的认识，我们的人生都走上了新的台阶。

那些拥有大大小小成就的企业家，没有哪个是一帆风顺就走到如今这个位置的。他们大多有过失败的经历。马云曾说过："实力是失败堆积起来的，一点一点的失败就是一个人的实力、一个企业的实力。我想，如果我年纪大了，我跟孙子吹牛说曾经做成多么大的事情。孙子会说，这一点也不牛，刚好是互联网大潮来了，有人给你投资。当你讲当年有哪些失败的事情，犯了哪些很严重的错误，他可能会很崇拜地看着你。一个人最后的成功是有太多的惨痛的经历的。"

人生就是这样子的，一个人，往往在失败的时候，突然猛醒，发现了问题，或是找到了阻碍事情前进的瓶颈。所以，很多时候，失败并非是消极的事情，大凡有智慧的人，都不惧怕失败，也不害怕犯错误。在失败来临的时候，他们常常会以一颗感恩的心去面对，感恩失败，以莫大的信心和勇气迎接失败

的挑战，最后转败为胜。

因此，我们说，失败不应该成为颓废的理由，而应该成为我们前进的刺激。我们应该感谢失败，让我们更加清醒地看到前方的路，看到自身的不足，从而在失败中更好地总结经验和教训，更好地提升自己，超越自己。

有一个小孩子，溜冰的技术非常高，有人就问他："小朋友，你是怎样学会溜冰的？"孩子说："哦，就是跌倒了爬起来，爬起来再跌倒，然后再爬起，一段时间以后，我就学会了。"如果每个人都能拥有这样"屡败屡战"的毅力和勇气，我想在人生前进的道路上，就没有什么是我们所不能做到的！

拿破仑说："千万不要把失败的责任推给你的命运，要仔细研究失败的实例，如果你失败了，那么继续学习吧。可能是你的修养火候还不够的缘故。你要知道，世界上有无数人，一辈子浑浑噩噩，碌碌无为。他们对自己一直平庸的解释不外是'运气不好''命运坎坷''好运未到'。这些人仍像小孩那样幼稚不成熟，他们只想得到别人的同情，简直没有一点主见。由于他们一直想不通这一点，才一直找不到使他们变得更伟大、更坚强的机会。"

失败是我们成长路上的营养剂，是我们人生弥足珍贵的

一部分，正是经历了一次次的失败，我们的内心才变得更加强大，我们的心胸才变得更加开阔，我们的毅力才变得更加顽强，我们的人格才得到更好地完善，我们才拥有了一份丰富多彩的别样的人生，一份满怀希望和成功的人生！所以，感恩失败，它是我们人生一笔巨大的财富。

原谅伤害你的人

回头想想,每个人可能都有受伤的经历,那疼痛的余味就像摔伤后流出的血一样,还淤积在我们的心头。

原谅别人,尤其是原谅生命中曾带给我们深深伤害的人,是多么的不容易!很多人想起很多年前那些人,那人事,还愤愤然,"我永远也不会原谅他!"其实,我们原谅他人,更多的是为了自己,让自己可以放下心中的仇恨,让自己的心灵不再饱受折磨,让心灵回归平静和淡然。

原谅他人,不是让我们忘记他曾经的过错,而是我们从心底里宽恕他这样的行为,接受他,并试着敞开自己爱的心扉接纳。

第四章 知足惜福，感恩生命

证严法师曾说过："原谅曾经伤害过你的人，也要做一个不轻易被伤害的人。"人生很短，我们需要不时将心灵的垃圾清除，给自己的生命，自己的心灵留下更多的空间去做我们想做的事情。

人的精力是有限的，如果我们总是对他人的伤害念念不忘，将自己心灵的焦点集中在伤害我们的人身上，又如何能腾出心灵的空间去打拼我们自己的事业，开阔我们自己的人生路呢？

请记住，在这个世界上，除了你自己，没有人能够真正伤害你！如果说哪一个人伤害了你，那也是你自己内心允许了他们这样做，是你自己愿意让他们伤害！现实生活中，很多人受了伤害自怨自艾，逢人诉说，似乎自己是全世界最不幸的那个人！然而，你充满抱怨，抱怨伤害你的那个人，你心怀憎恨，憎恨伤害你的那个人，你觉得那个人很坏，很不负责任，可是，这一切，亲爱的人啊，是你自己愿意接受的，如果你的内心足够强大，如果你的心灵足够宽广，你完全可以不必在意！他根本不会伤到你！他伤害了你，是经过你的内心许可的。而且，你的抱怨和憎恨没有丝毫的意义，可以让他得到报复？可以让自己得到更多？都不是，你抱怨的结果，只能使得你的抱怨越积越多，让自己深陷抱怨的泥潭中，无法自拔！

与其抱怨，不如感恩

接纳才能释怀，原谅才能幸福。只有从心底里原谅那些曾经伤害你的人，我们才能收获新的精彩的人生。正所谓"送人玫瑰，手有余香"。原谅他人，更多的是释放了我们自己的内心。正像你伸手深深打了伤害你的人，可是自己的手也很疼；你抓起泥巴砸向那个人，可也弄脏了自己的手。憎恨等消极的情绪只会给我们带来更多消极的影响，而毫无任何积极的意义。我们何苦要做这样的事情呢？原谅他人，心灵才会充满阳光！

乔治·罗拉在维也纳当了两年律师，但在二战期间，他逃到瑞典，一文不名，很需要找份工作。因为他能说并能写好几国语言，所以他希望能够在一家进出口公司里谋一份秘书工作。绝大多数公司都回信告诉他，因为正在打仗，不需要这一类人才，不过他们会把他的名字存在档案里。唯有一家公司在回信里写道："你对我生意的了解完全错误，你既蠢又笨，我根本不需要任何替我写信的秘书。即使我需要，也不会请你，因为你甚至连瑞典文也写不好，信里全是错误。"

当乔治·罗拉看到这封信时，简直气得发疯。于是他也写了一封信，目的是报复那个人，但接着他就停下来，对自己说："我怎么知道这个人说得不对呢？我虽然修习过瑞典文，

第四章 知足惜福，感恩生命

但并不精通，也许我确实犯了很多我不知道的错误，如果是这样的话，那么我想得到一份工作，必须再努力学习，这个人可能帮了我的大忙。虽然他本意并非如此。他用这种难听的话来表达他的意见，并不表示他就亏欠我，所以应该写封信给他，在信里感谢他一番。"于是他撕掉了那封写好的骂人的信，另外写好了一封："首先感谢你这样不嫌麻烦写信给我，尤其是你并不需要一个替你写信的秘书。对于我把贵公司的业务弄错的事我觉得非常抱歉。我之所以写信给你，是因为我向别人打听，而别人把你介绍给我，说你是这一行的领导人物。我并不知道我的信上有许多文法的错误，我觉得很惭愧，也很难过。我现在打算更努力地去学瑞典文，以改正我的错误，谢谢你帮我走上改进之路。"

几天后，他就收到了那个人的回信，他邀请罗拉去看他。罗拉去了，而且得到了一份工作。罗拉说："原谅伤害自己的人也是避免自己受更深的伤害，或许还能得到别人的帮助，助你走上成功。"

原谅就像我们受伤时防止伤口发炎的消炎药一样。我们原谅一次，伤口就小一点；再原谅一次，伤口又小一点，直到伤

口慢慢愈合。而如果在这个过程中，我们本来已经有伤口，却要自己在自己的伤口撒盐，憎恨、愤怒、抱怨只会让伤口越来越深，越来越深，最后真正受到伤害和损失的不是伤害你的那个人，而是你自己。

原谅生命中曾给自己带来伤害的人受益的是自己。有研究者认为：第一，原谅他人能够减轻我们自身紧张、愤恨等负面的情绪。我们试想，一个受了伤害不肯原谅他人的人是怎样的？当他再次遇到那个人，或是哪一个场景令他想起那个人、那件事情的时候，他是怎样的反应？愤怒、痛苦、怨恨，甚至变得歇斯底里，这些负面的情绪会对人的身心健康造成很大的负面影响。第二，原谅他人往往使得自己的内心更为平和，生活更为圆满。试想，一个心怀仇恨的人，脸上如何会有微笑、会有阳光？工作中，有谁愿意和一个充满仇恨的人交流甚至合作呢？所以，心怀怨恨，不肯原谅他人，难免会影响自己正常的工作、人际等社交关系。

奥尼希博士说："原谅是灵魂的健康食物——豆腐，而愤恨和报复则是足以致病的肉类食物。"

原谅研究基金会执行长沃辛顿说："只要你不肯原谅，就很可能会引起健康问题。"

为了自己的健康和事业，我们也应该做一个宽容的人，做一个能够原谅他人的人，将原谅作为一种习惯，这是一种良好而健康的生活方式。

美国著名发明家爱迪生跟他的助手们辛苦工作一天一夜后，终于制作好了一个电灯泡。

爱迪生让他的一名年轻学徒把这个刚刚做好的灯泡拿到楼上的另一个实验室。这位年轻人小心翼翼地接过灯泡，一步一步走上楼梯，生怕手里的这个新玩意儿滑落。然而他越是担心，心里就越紧张，手也禁不住哆嗦起来，当走到楼梯顶端时，灯泡最终还是掉在了地上。

助手们都很沮丧，这可是他们一天一夜辛苦劳作的成果！可是，爱迪生并没有责备这位年轻学徒。过了几天，爱迪生和助手们又用一天一夜的时间制作出一个电灯泡。做完后，爱迪生没有丝毫犹豫，就又将它交给了那名先前将灯泡掉在地上的学徒。当然，这一次，这个学徒安安稳稳地把灯泡拿到了楼上。助手们悬着的心总算落下。

事后，有人对这件事非常不解，一次闲聊的空当就问爱迪生："你已经原谅他了，何必再把灯泡交给他拿呢？万一这次

又摔在地上怎么办？"爱迪生回答："原谅不是光靠嘴巴说说的，那是发自内心的行为，是要靠做的！"

是的，并非嘴上说说"我原谅他了"你就是真的原谅了这个人，原谅是一种发自内心的行为！只有真正从心底原谅了一个人，你的心灵才彻底得到了解放！

想到自己曾经受到的伤害，很多人总是一副"此仇不报非君子"的姿态，可是，你想过没有，对他人的伤害耿耿于怀，不肯原谅他人，到头来只会两败俱伤，就像美国一句名言所说的那样："如果你一定要报仇雪恨，请先挖好两个墓穴。"

一位企业家曾说过："不管我曾受到多么不公正的待遇，我都会选择原谅。在每天晚上入睡的时候，我都会在心里默默地祷告：'我原谅了所有的事情，我原谅了所有伤害我的人，我愿意从心底里接纳他们。'这样，第二天早晨醒来的时候，我总是能够以快乐愉悦的心情迎接新的一天。不要因为你的敌人或对手而在自己的心中燃烧起一把怒火，它会烧伤你自己。"

所以，试着放手，试着对怨恨释怀，不要因为别人曾经在自己生命中给自己带来伤害而念念不忘，闷闷不乐，这样我们的心灵才有更多成长和进步的空间！

当然，原谅他人确实并非很容易的事情。它需要过程，需

要时间，需要我们战胜自己的内心。直至自己内心能够非常平静地接纳这个人，原谅这个人，让自己的心灵痊愈。

首先，我们可以试着找出事情的真相，很多伤害本身有可能是缘于误会，缘于彼此的沟通不畅。静心分析事情的原因，如果对方真的伤害了自己，也尽可能站在对方的立场上去考虑一下，这样从对方的角度分析，我们或许会理解对方当时的做法。

其次，缘于事情本身，以中立的态度说说自己对这件事情的想法和感受。记住，抓住重点，简单明了，叙述一下事情的缘由。注意，在述说的过程中，请尽量不涉及对方的名字，也不带任何感情色彩的评论。

再次，分析一下事情的原委。如果对方真的伤害了自己，找一些合理的途径发泄一下，将自己的负面情绪释放。可以以日记的形式记下来然后把纸烧掉，或是大哭一场。

最后，选择原谅。想起伤害你的人，或是某些场景勾起你对过去受伤害场景的回忆时，请默默地祷告："我已经原谅了他！我愿意接纳他，并怀着一颗真诚的心来爱他！"如此这般，你就能慢慢放下心中的仇恨，释放心灵的空间，使自己有时间和精力不断进步。当然，你开始可能会排斥，更不愿意这样去做，但是，请记住，原谅是为了让自己痊愈。是否原谅关

乎你的快乐，你的幸福，你心灵和人生的方向。

不肯原谅他人，消耗的是自己的时间和精力，心灵不快乐的也是自己，为什么要让怨恨滞留自己的内心呢？！我们自己是自己心灵的主人，我们掌握着自己的幸福，握着自己人生的方向盘。只要我们自己不想受到他人的侵扰，别人永远无法做到！

把仇恨写在沙滩上，海水一来，便轻轻冲刷掉了；把谅解和感恩深深刻在石头上，无论风吹雨打，都不会抹去它的印迹。这是一个人工作、为人的难得境界！也是每一位老板所欣赏的员工的品格。

原谅他人，就是放过自己。佛语有曰"舍得"，舍得舍得，有舍才有得，宽宏地原谅了他人，似乎不合常理，似乎自己吃亏了，而很多时候这却是一个智者的表现。

请用自己博大的心原谅生命中那些曾带给我们伤害的人吧！

第四章　知足惜福，感恩生命

感恩逆境

对很多人来说，逆境总是令人望而生畏，就像站在高高的悬崖上。所以，当逆境来临，或是已经处于逆境之中的时候，人们总是惶恐地回避它，不敢面对它。心理学家曾指出，逃避压力就跟逃避食物、运动一样不合理。逆境从某种程度上来说，也是一种压力。因此我们说逃避逆境也是一样不合理的。逆境是我们工作和生活的一部分，是人生所不可避免的。唯有勇敢面对，真诚地接受，才能很好地跨越它！

列别捷夫说："平静的湖面，练不出精悍的水手；安逸的环境，造不出时代的伟人。"

赫胥黎说："没有哪一个聪明人会否定痛苦与忧愁的锻炼价值。"

逆境是人生一所最好的大学，它磨砺我们的性格，教会我们人生的道理，让我们从稚嫩走向成熟。所以，我们说，逆境也是上天对我们的一种爱，是为了更好地操练我们，使我们得到更好地成长！

所以，顺境也好，逆境也罢，我们始终要相信，只要是我们人生所拥有的，都是上天所做的最好的安排。不管身处顺境，还是逆境，我们都应心怀感恩。这是一个人在生活和工作中所该持有的态度。

有两粒种子被风吹落，一粒落到了树叶上，而另外一粒则被埋进了泥土里。树叶上的种子尽情享受着微风的吹拂和阳光的抚耀，感受着外面世界带给它的快乐；而被埋进泥土里的种子则被压得几乎喘不过气来。于是，树叶上的种子就对泥土里的种子说："兄弟，你看我，多快乐，享受阳光，聆听鸟鸣！你快出来吧，别憋在泥土里了。"而泥土里的种子说："你快到泥土里来吧，这里才适合我们生长，否则冬天你肯定会被冻死的。"冬天很快就来了，树叶上的种子的所有养分都被阳光和风带走了，它慢慢地枯萎死去了，外面世界的美好它再也无法感受。而泥土里的种子则汲取了泥土里的丰富营养，生根发芽，把自己生命的绿色展现给大自然，享受到了更多的温暖阳光和生命的诸多快乐。

我们的人生何尝不像那颗泥土里成长起来的种子一样，只有在困境中才能汲取更多营养，将营养转化为我们不断成长和前进的能量，一点点，一天天，终会在与逆境的抗衡中脱颖而出，向世界展示出我们生命的光彩；而那些逃避困境的人，只能像树叶上的那粒种子那样，为了享受一点点短暂的欢愉，而失去了自己生命的最终意义。

鲜花感恩绿叶，方成其鲜艳；高山感恩大地，方成其高峻；大海感恩小溪，方成其博大；天空感恩鸟儿，方成其壮阔；人感恩逆境，方成其大业。自然万物，都是因为有了感恩，才如此和谐！作为高等动物的我们，更应深深懂得感恩这种美德，让感恩精神无时无刻不在我们身上体现。

罗曼·罗兰说："天才免不了有障碍，因为障碍才创造天才。"

郭小川也说过："生活真像这杯浓酒，不经三番五次的提炼呵，就不会这样可口！"

19世纪美国盲聋女作家、教育家、慈善家、社会活动家海

伦·凯勒，在她19个月的时候因为一次猩红热，失去了视力和听力。她曾自暴自弃，后来在导师安妮·莎利文的帮助下，用顽强的毅力克服了生理缺陷所造成的精神痛苦，通过艰辛地努力，不仅学会了其他正常孩子应学的所有东西，而且以优异的成绩毕业于美国哈佛大学拉德克利夫学院，学习了希腊语、拉丁语、法语、数学、文学、历史等所有大学修习的课程，成为一位学识渊博的作家和教育家。她"感恩生活，善待每一天"，"无论处于什么环境，都要不断努力"。海伦·凯勒正是凭借她不屈不挠的心，接受了生命残酷的挑战，用自己所有的爱心去拥抱世界，以惊人的顽强的毅力面对人生的困境，终于，她在黑暗中找到了属于自己的光明的人生，创造了自己人生的奇迹。

著名的心理学家马斯洛说："心若改变，你的态度跟着改变；态度改变，你的习惯跟着改变；习惯改变，你的性格跟着改变；性格改变，你的人生跟着改变。"海伦·凯勒用爱和感恩向我们诠释了她辉煌的一生。正像她自己说的那样："只要朝着阳光，便不会看见阴影。"

因此说，在工作中，不管遭遇压力还是挫折，都让我们学会感恩，感恩逆境，"不经历风雨，怎么见彩虹"，古今中外每一位事业有成之士都是饱经了风雨的洗礼、逆境的磨砺。感

第四章 知足惜福，感恩生命

恩逆境，它让我们在人生的熔炉里得到了很好的锤炼，让我们在人生这个大讲堂里学会了坚韧和努力！正是经历了逆境的考验，我们的心灵才越来越开阔，我们的精神才越来越富有，我们人生的道路才越走越宽，我们也才真正懂得了人生的含义，懂得了品尝幸福和快乐的味道。

法国启蒙思想家伏尔泰说："人生布满了荆棘，我们解决的唯一办法是从那些荆棘上面迅速踏过。"顺境和逆境是人生的两大主题，人这一辈子不可能永远顺顺利利，我们应该顺境时候心怀感恩，逆境的时候也积极向上。可是人们大多害怕逆境的出现，很多时候，正是逆境的来临，才激发了我们自身以往所没有发掘的潜能，推动了我们个体的进步，甚至使得我们的人生发生转变。高尔基在《海燕》中写道："让暴风雨来得更猛烈些吧！"让我们也像海燕一样，做一只勇敢的精灵，和工作中的风风雨雨进行搏斗，让我们的意志更加顽强，让我们的内心更加强大！

著名的成功学大师卡耐基说："如果我们有着快乐的思想，我们就会快乐；如果我们有着凄惨的思想，我们就会凄惨；如果我们有害怕的思想，我们就会害怕。"做一个敢于迎接逆境的快乐的人吧！

感恩磨难

磨难是人生一个新的起点,是我们走向新生活的契机。我们应该对磨难秉有感恩的态度。因为磨难让我们更好地成长,人的一生都是成长的磨难。

在这个世界上,在我们的人生旅途中,不可能从出生至离世都一帆风顺,有顺利就有磨难,有欢乐就有苦涩,正是人生这样丰富的内容,才使得我们的生命更加丰饶,更加多彩!

没有磨难的人生不是一个完整的人生,没有经历过磨难的人,很少能做出超人的成就。历史上很多伟大的人物,很多成功的企业家,往往都经过生活的巨大磨难和挫折,才获得伟大

第四章　知足惜福，感恩生命

成就。也正是这样，在生活面前，在成功面前，他们才有更多的发言权，他们的言语才更有说服力。

自古以来，任何伟业的完成都是"苦其心志，劳其筋骨，饿其体肤"的结果。任何外在的磨难都会最后交汇在我们的心灵，让我们获得心灵的成长和历练！

人生在世，挫折困苦在所难免，跟天气一样，不可能每天阳光普照，总有刮风下雨的时候。但是，无论如何，请相信自己，"没有比脚更长的路，没有比人更高的山"。没有问题是我们解决不了的！经历了生命中的磨难和困苦，我们的内心才会变得更加强大，我们的生命才会变得更加沉静。

不要害怕磨难，在磨难面前理性思考，迎接挑战，你会发现生命的转机也常常就在那一瞬间开启，它会令你因势利导，将负面的挫折转换为正面的推动力，就像爱因斯坦说的那样，"机会往往就在困境当中。"

只有懂得感恩磨难的人才会对眼前的挫折和坎坷不屑一顾，才会最终站在成功的高岗上！有一位老人在二战中失去了一只胳膊，当他听到法西斯势力瓦解后非常高兴，他跟身边的朋友说："同志们，我们鼓掌吧！"这时候，他身边的一个年轻人就问他："你只有一只胳膊，怎么鼓掌啊？"老人看了看

这位年轻人，笑笑说："很简单啊！"说着，他解开衬衣的一颗纽扣，抬起手臂拍向自己的胸膛，"你看，一只巴掌照样可以拍响！"

对于生命的强者来说，磨难从来不会将他们打垮，只会让他们的生命更加坚韧！就算没有了一只手臂又如何？我们的生命照样可以辉煌，可以精彩！因为这一切都取决于我们自己！我们能够为自己的人生负责，为自己的人生做主！

在磨难面前，不要总是牢骚满腹，怨天尤人，请带着一颗感恩的心，感谢它们，它们是上天派来考验我们的，我们只要经受得住这样的考验，迈过这样的挫折，坚持向前，决不放弃，终能化蛹为蝶，飞向天际！

有位诗人曾这样写道："我因为没有鞋子而心里难过，我走到街上，竟然看到一个没有脚的人。是啊，如果我们都能漠视磨难，内心永远站在高的起点上，看得更远，那么眼前的磨难充其量也就是我们脚下的一块石头，只是大小不同而已，只要我们愿意走过去，总是能够的！"

每一次的磨难都是我们丰富的人生财富。令人惋惜的是，太多的人在磨难面前失去勇气，屈下双膝，因为他们只感受到了磨难表面所带给人的苦楚，只顾得沉浸在自我的悲伤和自怜

第四章　知足惜福，感恩生命

中，忘记了伸伸手拨去眼前的迷雾，去迎接磨难背后的阳光！

人生纵使有一千个理由让我们哭泣，我们也要找到一万个理由让自己微笑！磨难而已，有什么大不了的，当你真正走过去的时候，你会发现，你的人生又走向了一个新的台阶！你成长了！此时，我相信你会会心地微笑吧！

磨难教会我们成长，磨难激发出我们心底沉睡的力量。

稻盛和夫刚到公司进行研究工作的时候，非常痛苦，他总是想："为什么我总是连遭不幸呢？我的人生将会怎样呢？"

他说，当时没有指导他工作的上司，企业里也没有像样的研究设备，每天就他一个人，一边摸索，一边持续研究开发。

稻盛和夫说，那时候，寂寞、孤单、苦恼……各种消极的情绪不断袭击他的大脑。夜晚，在宿舍后面小河的河堤边，他常常坐下来仰望天空。

星空满天的时候、月色清朗的时候、天色阴沉的时候、即将下雨天色暗黑的时候，他总是独自一人，仰望天空，静静地思念故乡，思念父母、兄弟，吟唱《故乡》等歌曲或者童谣。

看到他的这种状态，宿舍的同事们就议论说："稻盛又在哭泣了。"

稻盛和夫说，他是在用他自己的方式治愈他内心的痛苦和

创伤，他在激励他自己。

待唱完歌曲时，他痛苦和孤独的感觉已经消失，他的心境豁然开朗。他满怀着对明天的希望和面未来的勇气走回宿舍。那样的情景至今仍历历在目。他觉得也许是那些歌曲和童谣给了他力量和勇气。

是的，正像稻盛和夫说的那样"苦难不会没完没了，当然幸运也不会永远持续。得意时不忘形，失意时不消沉，每天每日勤奋工作，这比什么都重要。在胜利和挫折的考验中，每一天都拼命努力，这本身就是在孕育成功的种子。"

感恩磨难，就会在磨难中获得成功。虽然磨难曾令我们困顿，让我们难过，但是同时它也赐予我们力量，让我们奋起向前，在工作和生活的风浪中勇敢搏击，取得自己的胜利！

所以，磨难的后果是否是磨难，关键还在于我们自己！只要我们拥有一颗强大的心灵，在磨难面前勇往直前，毅然不放弃，那么，磨难终会成为我们新生活的起点，成为我们走向更好自我，更好生活的开端！正像法国著名大提琴师马友曾经说过的那样："我并不认为我童年时候的被迫练琴的日子是在受苦，尽管它让我失去了许多同龄人所享有的快乐，我感恩于那段日子，是它让我取得了今天的成就。"

第四章　知足惜福，感恩生命

懂得感恩，才能成功

　　世界潜能开发大师安东尼·罗宾说过："成功的第一步就是先存有一颗感恩之心，时时对自己的现状心存感激。"

　　人生是一条美丽而曲折的幽径，需要我们用心思感受和发现它，用心珍惜生活的乐趣，享受前人带给我们的高度文明。感恩是爱和快乐的源泉，如果我们能够做到对生命中的一切都心存感激的话，便一定能体会生活的幸福和美好，还能使人世间变得更加温暖。

　　有一次，美国前总统罗斯福家被盗，丢了很多东西。一位朋友闻讯后，连忙写了一封信安慰他，劝他不必太在意。罗斯

福给朋友写了封回信:"亲爱的朋友,谢谢你来信给我安慰,我现在很平安。感谢上帝;因为第一,贼偷去的是我的东西,而没有伤害我的生命;第二,贼只偷去我部分东西,而不是全部;第三,最值得庆幸的是,做贼的是他,而不是我。"对任何一个人来说,被盗绝对是一件不幸的事,晦气又恼火,而罗斯福却找出了感恩的理由。

英国作家萨克雷说:"生活就是一面镜子,你笑,它也笑;你哭,它也哭。"我们常常忽略周围一切细微的事物,其实生活的环境中皆隐藏着许多美妙的事物。如果你不感恩,只知一味地怨天尤人,那你最终可能一无所有,而如果你能感恩生活,生活就将赐予你无限灿烂的阳光!感恩,让我们以知足的心去体察和珍惜身边的人、事、物;感恩,让我们在渐渐平淡麻木的日子里,发现生活本是如此丰厚而富有;感恩,让我们领悟和品味命运的馈赠与生命的激情。

如果你有一颗感恩的心,你会对你所遇到的一切都抱着感激的态度,这样的态度会使你消除怨气。早上起床的时候,你看到窗外的阳光,你会感恩;吃一块面包,你会感恩;接到朋友的电话,你会感恩;在树上看到一只鸟在唱歌,你会感恩;看到猫咪睡在你的床头,你会感恩;然后你的一天乃至你的一

第四章　知足惜福，感恩生命

生，就在这感恩的心情中度过，那你还有什么不幸福的呢？

感激每一片阳光，每一阵清风，每一朵白云，每一块绿茵，每一茎野花，每一场暴雨，每一片冬雪，每一棵树，每一叶草，每一个动物，是它们带给我们好心情，是它们让我们体会到自然与生命的美妙。

康德说："即使仰望夜色也会有一种感动。"又是怎样的一种胸怀，人活在世上再没有比活着更值得庆幸的。如果我们明白了这一点，我们还会为失败而感到悲伤吗？还会为遭遇不幸而堕落、一蹶不振吗？对他人心存感激，我们就会看到一切事物都是美好的。因为心存感激将使我们的心和我们所企盼的事物联系得更紧密；心存感激将使我们获得力量，使我们对生活、对一切美好事物感到更加向往。所以说，懂得感恩，才会成功。怀有感恩之心的人，才会拥有一个成功、快乐的人生。

第五章 懂得感恩，负起责任

第五章　懂得感恩，负起责任

懂得感恩，才能负起责任

　　一个懂得感恩的人必定是一个能够勇于承担责任之人。在工作中，一个拥有感恩之心的员工，他就会拥有一份强烈的责任感，懂得为工作负责，为自己负责，切实履行好自己的责任！

　　在工作中，很多员工做事拖拉、懒散，上班最后一个到，下班第一个走，工作状态总是"差不多"，能不干就不干，能翘班就翘班，问他们原因，为什么老是这种工作状态？他们回答："工作嘛，养家糊口而已，要不是不得已，谁天天来上班啊？！"这样的人将工作视为一份苦差，不得不做，可不做就不做，在工作中哪有责任感而言！可见，没有了感恩心，责任

心也就无从谈起!

　　一个企业的发展离不开全体员工上上下下的共同努力!心怀感恩的员工总是能够将工作看成是一种恩典,他们热爱自己的工作,在工作中也往往更加负责!而责任感也是带有传染力的,一个负责的员工带动的是一个区域,甚至全公司的责任心!这样,整个公司便形成了一个尽职负责的良好氛围!

　　一位企业管理者曾经讲到责任的问题。他是这样说的:"以前,在公司发展很平稳的时候,我总是莫名担心公司哪一天会出现问题。后来,当我的公司真的遭遇了危机的时候,我突然变得出奇地镇定,我忘记了什么叫害怕!我只知道我应该竭尽全力,尽职尽责地做好我所能做的一切,因为我的手下还有几百号员工,如果我退缩了,倒下了,我的公司可能就真的完了!现在回想起来,自己那时候真的很勇敢,甚至很难相信,那就是自己!通过那段经历,我透彻地明白了,一个人,只要有勇于承担责任的心态,一往无前,那么,任何困难都无法将你打败,你会踏着困难这把梯子上得更高,看得更远,变得更加勇敢和强大!"

　　在我们的身边,很多人总是羡慕他人的高薪,羡慕他人的职位,想着自己为什么没有这样的幸运?职位、薪资与责任是

第五章　懂得感恩，负起责任

成正比的！你问问自己：你为自己的工作付出了多少精力？你有认真对待自己的工作吗？在工作中，你有尽职尽责吗？如果没有，就请收起你的抱怨，先尽力做好自己的事情！

电视剧《雍正王朝》大家都看过吧，康熙晚年一个重要的弊政就是各级官员纷纷向国库借钱，挥霍浪费不思归还，以致国库空虚，无力办大事。当时康熙要求从皇子中推举一位贤人来追缴国库欠银，无奈无人领命去办这个得罪人的差事。最后四爷勇敢地站出来表示当此责任。八爷为什么不挺身而出为父分忧呢？因为他知道这是一件难办的差事，涉及上上下下很多的官员，不管国库欠银是否能够追缴得回，都会得罪一大批人。那四爷就不知道这个道理吗？不是，为了大清的江山，为了替父排忧解难，他接下了这个担子，用他自己的话说："大不了儿臣就做个孤臣！"

在工作中，很多人不也是像剧中的八爷一样吗？在遇到困难的工作时，不敢接受，生怕这是一块烫手的山芋烫了自己！

其实，很多事情都是双方面的，工作中所谓的难题，对我们来说，一方面是难题，一方面就是机遇，你勇敢地担起责任，跨过它，战胜它，你就又向前迈进了一步！

《雍正王朝》中最终皇上对四爷办案的结果虽然不甚满

意，但是对他个人的所为确实赞同，因为他看到了不计较个人得失，为国家的尽职尽责，这样的人能够担起国家的重任！

我们的工作也是一样的。一个勇于承担责任的员工，不会对个人利益得失斤斤计较，他们更多考虑的是公司的大局，他们能够在关键时刻担当重任！责任是公司衡量一个员工的重要准则，一个不负责任的员工不是一个称职的员工，一个没有责任的人生是一个痛苦的人生，这样的人注定无法得到他人的信任，也无法得到公司的重用！

一个员工是否能够将自己的工作做好，能力是一部分，而态度是更大的一部分，以感恩的心态对待自己的工作，对工作从不懈怠，对工作中出现的问题勇于承担责任，这样的员工会做不好工作吗？会不受到大家的尊重？会不得到公司的器重吗？

懂得感恩，勇于承担责任，会让人变得勇敢，变得坚强，这些品质像金子般宝贵！古往今来，人们都喜欢感恩的员工，因为一个有着感恩精神的员工，必定有着强烈的责任感。

做一个感恩的人吧，感恩让我们勇敢地承担起自身的责任！人生因为感恩而美丽，人生因为责任而圆满！

第五章　懂得感恩，负起责任

责任让你变得主动

"人一旦受到责任感的驱使，就能创造出奇迹来。"

美国作家刘易斯说："尽管责任有时使人厌烦，但不履行责任，不认真工作的人什么也不是，只能是懦夫，不折不扣的废物。"

在责任的引领下，一个人会变得积极主动，奋发向前，将自身的能力完全地发挥出来，从而出类拔萃！

责任本身就是一种积极进取的精神，当一个人想要改变自己当前的处境，想要有所收获，有所获得的时候，第一要做的就是让自己变得积极进取，对自己所做的事情负责。

什么是进取心呢？尔波特·胡巴特曾做过如下的说明：

"这个世界愿对一件事情赠予大奖，这个大奖包括金钱与荣誉，而这件事情就是'进取心'。"

"什么是进取心？我告诉你，那就是主动去做应该做的事情。"

"仅次于主动去做应该做的事情就是，当有人告诉你怎么做时，要立刻去做。也就是说，如果有人说，'带个消息给加西亚'。能把消息送到的人自然能获得很高的荣誉，虽然他们获得报酬并不一定合理。"

"而另外一些人，只有在被人从后面踢他时，才会去做他应该做的事，这些人得不到荣誉，而且也不会受到重视，他们所得的报酬也很少。这种人大半辈子都在辛苦地工作，却又抱怨运气不佳。"

"最后还有一种更糟的人，这种人根本不会去做自己应该做的事，即使有人跑过来向他做示范，并留下来陪着他做，他也不会去做。他大部分时间都在失业中飘荡，因此易遭人轻视，除非他有位有钱的老爸。但如果是这个情形，命运之神也会拿着一根大木棍在街头拐角处，耐心地等待着。"

亲爱的读者，你属于上面的哪一种人呢？

第五章　懂得感恩，负起责任

做一个积极进取的人吧，积极进取才能创造自己人生的辉煌！

每个人都应该拥有一颗感恩的心，一颗负责的心，让他坚定不移，勇往直前，以积极的态度投身自己的工作！他对工作有着一种由衷的热爱！他对工作的负责，对工作无限的爱让他从困难中一步步走向成功，最终成为优秀的推销员。

责任让我们积极进取，责任让我们出类拔萃！一个有着自己的目标，对工作认真负责的人，没有什么事情是他无法办到的！困难也只是他前进的梯子！

承担责任

　　一个人不管从事何种工作岗位，都有自己的职责所在。对一个懂得感恩的人来说，履行职责是一件自然而必需的事情。履行工作职责也是一个人工作品德的最好表现，它是一种使命，我们每个人都应该遵从自己心底的声音，做好自己的每一份工作！

　　不管我们处于哪一个岗位，都要有自我强烈的责任意识，对自己的工作负责，切实履行好自己的职责，在岗位上一个月，一天，即使一个小时，也要恪守职责。履行好自己的工作职责是每一个员工应该做的也必须做好的！这不仅仅代表了一

份工作责任,更显示了一个人做人做事的态度,一个人的良好品德!

工作中,当我们犯了错误的时候,不要总是将精力花费在如何掩盖错误上,我们要做的是勇敢地承认自己的错误,并采取尽可能的措施去补救我们所犯下的过错,将错误的负面影响降低到最低点!就像上面案例中百货公司的员工那样,做一个勇于承认错误,对工作尽职尽责的人!这样的员工是每一个公司都迫切需要的!所以,让我们勇于承担自己的责任,在改正错误中一步步成长!

三百六十行,各行各业都有自己的工作准则。不管我们从事的是什么样的工作,只要我们尽职尽责,勇敢地担负起应该承担的责任,我们所做的就是有意义的,就是有价值的,我们就会获得他人的尊重!履行好工作职责,不在于我们工作的性质,而在于工作中的人!只要你时刻怀着一颗感恩的心,愿意去做,努力去做,相信你会做得非常好!

工作就是责任

每个人对生活都有不同的态度，积极、乐观、严谨，或是消极、悲观、拖沓，然而我们需要清楚的一个事实是我们的人生是我们自己的，不管这一生如何，都是我们自己选择的，都需要我们自己去走过，我们需要对自己的人生负责，对自己负责！

生活是公平的，你如何对待生活，生活也必将如何对待你！所以，做一个负责的人，对生活负责，对自己的人生负责，相信你会得到好的回报！

现代社会竞争激烈，一个人如果抱着侥幸、拖沓、无所谓的态度去对待工作，对待生活，不用时间很久，几年之后你就

第五章　懂得感恩，负起责任

会发现，你已经被社会抛得远远的！

一个人，唯有抱着负责的态度，勇于承担责任，才能不断进步，才能一步步走向更强大的自己，才能创造更丰富的人生！

对自己负责，是一个人生存的态度！

生活中，很多人对自己不负责任，不敢承担，害怕承担，他们将自己失败的理由总是归结为"机会没有眷顾""我没有关系""我家庭环境不好"，如此等等。他们没有看清楚真实的状况是什么，没有发现自己的问题！是自己的害怕、退缩、恐惧，不敢承担责任使得自己放弃了自己！多么不负责任的人！

林肯曾经说过："每一个人都应该有这样的信心：人所能负的责任，我必能负；人不能负的责任，我亦能负。如此，你才能磨炼自己，求得更高的知识，进入更高的境界。"没错，要想成功，要想做一个具有影响力和吸引力的人，那就做一个负责的人，勇敢地承担自己应该担负的责任！你承担了责任，得到的不仅是领导的器重，同事的尊重，还有你的自信，你的进步和成长！

一位伟人曾说过："人生所有的履历都必须排在勇于负责的精神之后。"没错，责任能够激发我们的潜能，让我们以最佳的精神状态投入工作！一个勇于承担责任的员工，获得的不

仅是物质上的丰厚回报，还有精神上的快乐和自信！

有一个年轻人，到一家很有名的银行去求职。他找到董事长，请求能被雇用，然而没说几句话就被拒绝了。当他沮丧地走出事长办公室的大门时，发现大门前的地面上有一个图钉，他弯腰把图钉拾了起来，以免图钉伤害别人。

第二天，这位年轻人出乎意料地接到了银行录用的通知书。原来，他弯腰拾图钉的动作被董事长看到了。董事长见微知著，认为如此精细小心、不因善小而不为的人，必定是个能担当特殊责任的人，这样的人十分适合在银行工作，于是改变主意录用了他。

果然不出所料，这个年轻人在银行里样样工作都干得非常出色。这个年轻人就是后来成为法国银行大王的恰科。

负责是一种生活态度，我们应该让负责的态度成为我们的生活习惯，就像上面故事中的恰科，他弯腰捡图钉的小小动作，定是来源于日常生活中他对自己、对他人负责的习惯！这样的习惯会让我们受益良多！

从某种意义上来说，我们不是在为老板工作，也不是在为家人工作，我们是在为自己工作，认真对待工作，做好工作中

的每一件事情，尽职尽责，我们的人生就是充实的，就是向前的。对工作负责不仅是一个人的工作态度，也是一个人成长、成功的前提。一个对工作不负责任的人，不会珍惜自己的工作，也不会对自己的工作上心，更不会在问题面前勇敢地承担责任，这样的人，何谈进步，何谈成功？

对工作负责就是对我们自己负责，一个对工作毫无责任感的人，他对自己的人生也必然是茫然！

英特尔总裁安迪·格鲁夫应邀对加州大学的伯克利分校毕业生发表演讲的时候，曾提出这样的建议："不管你在哪里工作，都别把自己当成员工，应该把公司当作自己开的。职业生涯除了你自己之外，全天下没有人可以掌控，这是你自己的事业。你每天都必须和好几百万人竞争，不断提升自己的价值、增进自己的竞争优势以及学习新知识、适应环境，并且从转换工作以及产业当中虚心求教，学得新的事物，掌握新的技巧，这样你才能够更上一层楼，才不会成为失业统计数据里头的一分子。而且，千万要记住：从星期一开始就要启动这样的程序。"

著名的营销管理专家路长全也说过："对工作负责就是对自己负责，责任激发人的潜能，有责任才能有能力，负责精神改变

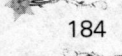

了人们对待工作的态度,而对待工作的态度将决定工作业绩。"

　　所以,做一个负责的人,将责任感融入我们的工作,我们的生活,让责任感成为我们生活的常态!抱着这样的信念,我们的人生定会是不平凡的一生,有价值的一生!我们的人生必定充满了光彩!

不再找借口

工作中我们常常听到员工这样的话语:"今天起得很早,可是堵车了!所以来晚了!""这么短的时间,这么大的任务量根本不可能完成!""这件事情这么困难,换作别人也不一定就做得好!"

所有的这些都是借口,用来为自己辩护的借口!借口的实质是什么?是推卸责任,是不敢承担自己做错事的后果!在责任和借口之间如何选择,反映的是一个人的工作态度!

我们不是神,我们不会永远不出错误,出了问题不要紧,要紧的是你是否能够担当责任,不推脱责任,不强找借口,做一个负

责的人。

一个人不懂得感恩,把借口作为对领导器重的回报的最好说明。没错,借口让我们暂时躲避了本该承担的责任,获得了一时的心理安慰。可是,长久下去,造成的结果就如上面案例中的王杰一样,习惯了用借口掩盖事实,推卸自己的责任,不仅给公司造成了损失,个人的发展也受到很大的影响!

一个懂得感恩的员工会时时处处为公司着想,将公司的利益放在第一,个人的利益放在其次。在工作中遇到困难,他们会积极主动地想办法解决,而不是将时间和精力浪费在寻找借口上。

"没有任何借口"是美国西点军校奉行的最重要的准则。它教每个人学会对自己的人生负责,对自己的工作负责,不管成功还是失败,都坚持自己,坚持做自己。

在一个企业中,如何避免问题的发生,是每一位员工应该做的,但是如果仅仅因为害怕这个项目的执行有风险,要担责任,就停止或不去实行让公司向更好方向发展的行动,是让人无法接受的。这样的公司注定不会有长远的发展,只会停滞不前,直至最终被淘汰!

遇到一件事情,我们第一要考虑的是如何将其圆满解决,

第五章　懂得感恩，负起责任

积极思考解决方法，而不是只是担忧而不去行动。

GE公司前CEO 杰克·韦尔奇曾经说过："在工作中，每个人都应该发挥自己最大的潜能，努力地工作而不是浪费时间寻找借口。要知道，公司安排你这个职位，是为了解决问题，而不是听你关于困难的长篇大论的分析。"

"没有任何借口"——让我们每个人都常怀感恩心，做一个不找借口的员工，将工作做好的同时也提升了自己的能力！

最强的能力是责任，最大的动力是感恩

责任是一个人的内在品质，更是一种能力的体现，而且是人的一种首要能力。一位员工，如果没有责任感，不能处处以公司利益为重，那么即使他的能力再强，也无法为公司创造价值，甚至有时候会起到反作用。而具有责任感的员工则不同，在工作中他会全心全意为公司付出，即使能力不是那么优秀，但是在责任的感召下，他也会做得更好，为公司创造出巨大的价值。

责任是我们每个人的立身之本，是成事之基。每一个人的成长、成功都离不开自身的责任意识。没有责任感，一个人

第五章　懂得感恩，负起责任

不可能对自己严加要求，让自己认真做好工作中的每一件事情；没有责任感，在遇到问题的时候一个人不可能勇于承担责任；没有责任感，一个人不会执着地工作，用心对待每一位客户……

所以说，责任感是一个人应该具有的首要能力，也是最重要的能力。不管在工作还是生活中，我们都要将提升自己的责任能力作为人生发展的最好财富，用责任武装自己，用责任铸就自己的辉煌。

工作中，一个人的责任感是至关重要的，责任是人的一种首要能力，没有责任感，任何其他能力对我们来说都是一种浪费！唯有具备了责任这种能力，其他的能力才能得以充分地发挥！正像一位伟人所说的那样："人生所有的履历都必须排在勇于负责的精神之后。"

巴顿将军在他的战争回忆录《我所知道的战争》中有这样一段描写：

我要提拔人时常常把所有的候选人排到一起，给他们提一个我想要他们解决的问题。我说："伙计们，我要在仓库后面挖一条战壕，8英尺长，3英尺宽，6英寸深。"我就告诉他们那么多。

我有一个有窗户或有大节孔的仓库。候选人正在检查工具时，我走进仓库，通过窗户或节孔观察他们。我看到伙计们把锹和镐都放到仓库后面的地面上。他们休息几分钟后开始议论我为什么要他们挖这么浅的战壕。他们有的说6英寸深怎么能当火炮掩体，其他人争论说这样的战壕太热或太冷。如果伙计们是军官，他们会抱怨他们不该干挖战壕这么普通的体力劳动。最后，有个伙计对别人下命令："让我们把战壕挖好后离开这里吧。那个老家伙想用战壕干什么都没关系。"

巴顿说，最后发言的那个家伙得到了他的提拔！巴顿正是通过这件事情培养士兵的责任意识！

责任是一个人的首要能力。不管什么时候，也不管我们从事的是何种性质的工作，只要心中满载责任，那么，便没有什么事情是办不到、做不好的，责任是一个人从平庸走向卓越的法宝。激发自我责任意识，将责任意识永树心中！

第五章 懂得感恩,负起责任

责任心是一种美德

　　责任心是一种高尚的美德,是一个人与生俱来的使命。在工作中,我们每个人都承担着自己的责任,一个具有责任感的员工,会时时处处以工作为重,认真做好工作中的每一件事情,也会得到他人的敬重和尊重。而缺乏责任感的人,只会得过且过,敷衍了事,在他们看来,工作不过是获取劳动报酬的一种手段,何必那么认真呢?得清闲就清闲!没有责任感的人,失去的不仅是自我进步的机会, 还有自我的价值、追求,以及至高无上的荣誉!

　　作为一名员工,无论何时都应该牢记,在其位,谋其政,

在公司工作一天，就要尽一天的努力，履行好自己的职责，责任带给我们至高无上的荣誉。

有一次，一个士兵给拿破仑送信。尽管前面有敌人设的重重关卡，他的腿又受了伤，但是，他中途没有休息，三天三夜滴水未沾，加快速度提前把信送到拿破仑手中。当赶到拿破仑面前时，由于劳累过度，士兵骑的马跌倒在地，一命呜呼了，士兵也晕倒在了地上。当他醒来后，把信交到拿破仑手中，拿破仑又起草了一封信让他转送，并吩咐他骑自己的马，快速把信送到。

那个士兵看到那匹装饰得无比华丽的骏马，便对拿破仑说："不，将军，我是一个普通的士兵，实在不配骑这匹华丽强壮的骏马。"

拿破仑回答："世上没有一样东西，是充满责任感的法兰西士兵不配享有的。从此，这匹骏马永远属于你。"结果，拿破仑把自己心爱的坐骑送给了这名士兵。在众人尊敬的目光下，这位士兵骑上骏马，又出发了。

责任能够带给员工至高无上的荣誉，一个具有荣誉感的员工一定是一名优秀的员工！生活中，很多人带有一种自卑的心理，

第五章　懂得感恩，负起责任

觉得自己地位低下，出身贫寒，各种成就和荣誉不可能属于自己，认为自己不值得拥有这样的成就和荣誉！这样的心理，常常阻碍了我们前进的步伐，使得我们的潜能无法更大限度地发挥，责任感无法激发，从而使自己失去了很多成功的机会！

所以，请相信自己，告诉自己，自己是一个值得信任的人，是一个勇于负责的人，是一个能够交与重任，认真完成的人！自己值得拥有一切荣誉！

在工作中，面对大大小小的问题，只要我们能够挺身而出，认真负责，勇敢地面对和解决，我们就是一个负有责任的人，一个值得拥有荣誉的人！我们也能够做到。

责任是一个人自我发展的阶梯，是自我价值的一种体现，是自我前进过程中的一种荣誉！一个具有强烈责任感的人必定是一个人忠诚敬业，珍惜自己荣誉的人！他们能够在问题面前勇于承担责任，以一种主人翁的精神为企业热心服务。

张红是一家大型餐饮集团的一名普通营业员，她为人踏实勤快，做事细心认真，领导和同事们都很喜欢她。在餐厅工作不到一年的时间里，她就曾三次被评为最佳店员。有一天，店里突发了一起意外事件。一桌正在吃饭的客人中，一名中年男子忽然倒地，口吐白沫，并不时抽搐起来。店里的客人纷纷

议论起来，他们怀疑店里的食物有问题，大家纷纷放下手中的筷子，不敢再进餐。大家甚至很气愤，"作为一个连锁餐饮企业，怎么会发生这样的事情呢？"有的人甚至拿出手机，想要打电话给报社记者，"这样的餐饮企业一定得曝光，要不以后再在这里吃饭，生命安全都没有保障了！"其他的人也跟着呼应起来："就是，就是。"

在这样的情况下，很多同事都慌了，不知如何是好。店里一片混乱。这时候，张红正巧出来看到这一幕，她镇定自若，赶忙指挥其他同事打112急救电话，同时竭力安抚店里客人的情绪。她招手招呼大家安静下来。"大家放心，我以自己的人格和生命保证，店里的食物绝对没有问题，请大家放心用餐。"说着，当场吃起了餐桌上的饭菜。

"那有什么用？这可人命关天！"有人说道。也有人说着便要离开店里。

"请大家稍等一会儿，为了给大家一个好的交代，也为了澄清事实，我希望大家能够安静下来，等急救车到来，让医生做出判断。现在，我，你们，说什么都是没用的，我希望能够

第五章　懂得感恩，负起责任

让事实说话。"

店里的人安静下来。

没几分钟，急救车来了，医生诊断后告诉大家，这位客人不是中毒，而是典型的羊角风发作。张红嘱咐同事跟着医生将这位客人送入了医院。她则来处理现场。

终于，一场风波过去了，店里的顾客也都放下心来。张红跟大家说："你看，耽误大家吃饭了！为了感谢大家，每个桌上再加一个菜，加的菜我来买单！"

由于张红的勇敢负责，不仅为公司平息了一场危机，而且也让顾客看到了这家店良好的声誉和细致的服务。后来，领导知道了这件事情，夸赞张红做得非常好！没多久，张红就被提升为店长！领导是这样跟他说的："我相信你有这样的能力！而且能够做得更好！"

是什么让张红能够在关键的时刻挺身而出维护公司的形象？是内心强烈的责任感。她信任自己的企业，把企业当成自己的家，她不允许自己的家受到外界丝毫的破坏和质疑！于是，她义无反顾地站出来，履行自己的责任，完成责任所赋予自己的使命感。

在强烈的责任感的推动下，在她将责任视作至高无上的荣誉的内心的感召下，张红出色地完成了自己的使命，也最终得到了回报！

责任是一种至高无上的荣誉，这种荣誉使得我们主动积极、尽职尽责，也让我们的个人价值得以圆满地实现。在工作中，如果我们都能够带着这样的责任感，我们都会是优秀而出色的。

第六章 珍惜岗位，感恩工作

第六章　珍惜岗位，感恩工作

用对待生命的态度对待工作

谷歌前全球副总裁兼大中华区总裁李开复曾经说过："我们生命的价值不在于拥有多少，而在于做了多少有意义的工作。"没错，工作是一个人生命的价值所在。

工作是上天赋予我们每个人的使命，它让我们在工作中一点点发掘自己的能力，一步步走向成长！

我们来到公司是为了什么？是为了工作！而工作又是为了什么？为了薪酬，为了成长，为了快乐，为了实现自己的价值。将一份工作做好，我们必须付出自己的努力，这样的努力使得我们能够展现自己的才华，提升自己的能力，磨炼自己的

性情。

　　一个人对工作的态度决定了这个人能否将工作做好，能否在工作上做出不错的成绩。如果我们总是将工作看成是一件不得不做的事情，总是感觉工作只有疲倦和辛苦，没有任何的乐趣可言，从来不珍惜自己的工作，带着这样的态度，工作能够成为我们发展自我的基石吗？我们能够在工作中做出伟大的成就吗？工作本身是有着美好的价值的，试着怀着感恩的心，珍惜自己的工作，赞美自己的工作，在工作中去感受它带给你的荣誉感、满足感、价值感！

　　不仅仅是工作，任何事情都是一样的，唯有以火一般的热情去拼搏，通过不懈地努力，最后才能达到自己事业的巅峰。带着这样的热情去工作，无论怎样的工作，你都不会觉得辛苦。

　　英国哲学家约翰·密尔曾经说过："生活中有一条颠扑不破的真理，不管是最伟大的道德家，还是最普通的老百姓，都要遵从这一准则，无论世事如何变化，也要坚持这一信念。它就是在充分考虑到自己的能力和外部条件的前提下，进行各种尝试，找到最适合自己做的工作，然后集中精力，全力以赴地做下去。"

　　在对工作和企业的认同感上，日本人可以说做得非常好。

第六章 珍惜岗位，感恩工作

日本的员工总是能够将工作看成是个人能力和价值的体现，将工作责任视为自己生命的一部分，正是这样的心态使得他们能够始终保持一丝不苟、勤勤恳恳、任劳任怨的工作态度，始终保持不断产生增长才干、提高自身能力的愿望。

日本钢管公司的社长河田重说："我认为无论在何种岗位，承担了何种工作，若能开阔视野，好好学习，任何工作其本质都是一样的。"没错，只要在自己的岗位上不懈努力，认真踏实地工作，那么，我们就一定能够在工作中尽情施展自己的才华，获得成长和晋升的机会。

美国哈佛大学做过一个有趣的心理调查，调查过程是这样的：调查者给每一位调查对象打电话，询问对方一个最简单的问题。下面是一位调查者和一位调查对象的对话过程：

"您好，请问您现在正在做什么？"调查者问。

"上班啊！"对方是一位先生。

"上班的感觉如何？"

"没意思，枯燥乏味，毫无乐趣可言，简直闷透了！"

"那您觉得做什么事情才更有意思？"

"下班后，我可以和同事一起去酒吧喝酒、跳舞、聊天，多快活!"

两个小时以后,调查者又打电话给这位先生:"先生您好,请问您现在在做什么?"

"和同事在酒吧喝酒。"

"现在的感觉怎么样,比上班感觉好多了吧?"

"有什么好啊!虽然可以尽情喝酒,肆意聊天,可是大家聊的话题我不感兴趣,很无聊,我想去找女朋友可能会更好些吧。"

一小时以后,调查者又打通了那位先生的电话:"先生您好,请问您现在和女朋友在一起吗?现在的感觉怎么样?比刚才在酒吧好多了吧?"

对面传来丧气的声音:"唉,别提了,真让人受不了!刚才我和女朋友在一块儿,恰巧一位女同事打电话来询问一件工作上的事,可是我女朋友竟然怀疑我和她之间有什么不清不楚的关系,一个劲儿地盘问我,真是烦死人了。我这就回家休息,还不如睡个懒觉痛快!"

晚上,调查者又打通了这位先生的电话,"先生,您好,

第六章　珍惜岗位，感恩工作

在家的感觉怎么样？很自由惬意吧？"这位先生烦躁地说："唉，更没意思！电视台调来调去一个喜欢的节目也没有，家里的杂志、报纸该看的也都看了，真是无聊！我想，还是上班的时候最开心了，跟同事们一块热火朝天地工作，真有一种满足感！从明天开始，我要努力工作了！"

工作本来是一件美好而有价值的事情，不管什么样的工作，都有它的美丽之处和充满魅力的地方，而如果我们将工作看成一件苦差，抱怨、厌倦，我们自然无法体会到它的乐趣，也无法体味到工作中的美。而如果我们带着愉悦而感恩的心情，认真地工作，我们不仅能够感受到工作的快乐，更能在工作的过程中体会到工作的价值，体会到生命的价值！感受到工作带给我们的真正意义上的享受和满足。

有一天，一位教授在郊外散步，迎面走来一位警察，愁眉苦脸，情绪非常低落。教授好心问他："你怎么了？发生了什么事情让你这么愁苦不堪？"

警察叹了口气，回答道："唉，我每天不停地巡逻，从早晨到晚上，每天却只有10美元的酬劳！这样的工作简直就是在浪费我的青春和时间！"

与其抱怨，不如感恩

这时候，又过来一位扫大街的清洁工，一边哼着歌一边推着三轮车，教授觉得这个人非常快乐，就问他："你每天辛苦工作，一天下来能有多少收入？"

这位清洁工回答说："2美元。"

教授又问他："你辛苦工作一天才拿到2美元的酬劳，为什么却这么快乐？"

这回清洁工惊讶了，他说道："为什么不快乐呢？"

这时候，警察带着鄙夷的神情说："只有垃圾才爱干垃圾的工作。"

教授看着警察，严肃地说道："警察先生，你错了，虽然他的工作是扫大街，但是这份工作让他很快乐。而你呢，每天被自己的工作奴役着，相比起来，他的人生比你的更精彩！"

没错，一份工作能否使得我们快乐，不在于工作本身，而在于我们的心境和心态。正像上面故事中的警察和清洁工一样，每天在外辛苦清扫垃圾的清洁工可以很快乐地工作，而有着相对体面的工作，每天巡逻的警察却了无生气，愁眉苦脸。

在人的一生中，工作可以说占去了三分之一的时间，工作是一个人实现自我价值的基石。在我们有限的生命里，谁能够

第六章　珍惜岗位，感恩工作

在工作上获得更大的成就，谁就能够创造更多的自我价值，从而使得自己的生命也更加多彩！

西点军校将军戴维·格立森说："要想获得这个世界上的最大奖赏，你必须拥有过去最伟大的开拓者所拥有的将梦想转化为全部有价值的献身热情，以此来发展和展示自己的才能。"

请相信自己，生命的潜能是无限的，只要我们愿意去发挥，愿意去开拓，带着我们满满的热情，那么，我们就一定能够获得人生的巨大成就。

英国作家卡莱尔在谈到工作时说："能找到自己工作的人是有福的，愿他此外不再祈求别的福祉。一个人生来就有许多欲望，能满足欲望的正当途径是工作；一个人总想追求生命的价值，只有工作才能体现他生命的价值。一个人通过工作进入社会交往领域，找到适合自己才能的工作，他就成为被别人需要的人，一个人被别人所需要，他就有了活着的充分理由。运动创造了宇宙，劳动创造了所有生物，而创造性的劳动创造了人。"

"认识你的工作，并且努力去做，因为工作里面有一种垂之久永的高尚之处，甚至神圣之处。工作就是生命，一旦工作开端得当，一个工作者从他的内心深处会迸发出他那天赐的力量，那种全能的上帝所赐予的超凡入圣的生命精华；从他的内

心深处，他是会被引入到一切高尚之境———一切知识之境，不管是'自我知识'，抑或是更多的其他。"

工作着是一种幸福。当我们和家人享受温馨浪漫的时候，我们应该感谢工作，是工作使得我们获得不错的酬劳；当我们在工作中取得进步，获得成就的时候，我们应该感谢工作，是工作给了我们实现自我价值的机会！工作本身就是让人幸福和快乐的，我们应该懂得享受这份快乐，珍惜这份幸福！

生命是我们存在这个世界上的有力载体，没有了生命，我们也就无法感知这个世界美好的一切。而生命的价值就在于工作，在于我们做了多少有价值的工作，就像开篇我们提到的李开复所说的那样。所以，要珍惜生命，生命是一个人成长的根基，一个人发展的前提。只有珍惜生命，感恩生命，我们才能回报父母，回报造物主！而珍惜生命的极好方式，就是踏实、勤恳地工作，因为工作让我们的生命活得有意义、有价值，让生命活得精彩！

第六章　珍惜岗位，感恩工作

工作是实现梦想的起点

每个人都有自己的梦想，尤其是初入职场的年轻人，梦想着事业有成，梦想着飞黄腾达。然而，我们知道没有什么事情能够一蹴而就。事业的辉煌也好，物质上的富足也罢，都是通过一点一滴的积累而得的。而工作，就是我们实现梦想的起点。我们从点滴做起，在工作中一点点积累，一点点磨砺自己，让自己变得心灵丰满、富足，变得有能力在工作中大显身手，一展宏图。

工作中，我们常常听到这样的抱怨，抱怨自己的工作累、辛苦，又没有前途，我们总是感叹，遇不到的一份好工作，殊

不知，任何事业都要从零开始，从脚下开始努力。

查理·贝尔在他43岁的时候当上全球快餐巨头麦当劳CEO，是麦当劳最年轻的首席执行官。然而，大家所想不到的是，他最初只是澳大利亚一家麦当劳打扫厕所的临时工。

1976年，年仅15岁的贝尔开始了他的职业生涯的第一步。他走进了一家麦当劳店，他当时的想法很简单，打工赚取一些零用钱。他从来没有想过以后在这里会有什么发展。他被录用了，而工作内容就是打扫厕所。虽然扫厕所的活儿又脏又累，但贝尔从来没有怨言，他尽职尽责，认认真真地将工作做好。而且做完自己的工作，他常常会做很多自己工作范围以外的活。他常常是扫完厕所就擦地板，擦完地板又去帮着翻正在烘烤的汉堡包。看着这个勤劳认真的年轻人，麦当劳打入澳大利亚餐饮市场的奠基人彼得·里奇心中暗暗喜欢。

没多久，里奇说服贝尔签了员工培训协议，把贝尔引向正规职业培训。培训结束后，里奇又把贝尔放在店内各个岗位上，对他进行锻炼。虽然只是做钟点工，但悟性出众的贝尔不负里奇的一片苦心，几年以后，贝尔就全面掌握了麦当劳的生产、服务、管理等一系列工作。

第六章　珍惜岗位，感恩工作

19岁那年，贝尔被提升为澳大利亚最年轻的麦当劳店面经理。

贝尔并不满足于当前已取得的成绩。后来，他被派驻欧洲，先后担任麦当劳澳大利亚公司总经理，亚太、中东和非洲地区总裁，欧洲地区总裁及麦当劳芝加哥总部负责人，直到后来担任管理全球麦当劳事务的执行总裁。他在任期间，麦当劳在澳大利亚的连锁店从388家增加到683家。

1999年，贝尔被调到麦当劳美国总部，并先后担任亚太、中东和非洲地区总裁，欧洲地区总裁及麦当劳芝加哥总部负责人。2002年底，他被提升为首席运营官。

在担任总裁兼首席运营官期间，贝尔负责麦当劳公司在118个国家的超过3万家麦当劳餐厅的经营和管理，并从2003年1月1日起开始进入董事会。2004年，他曾是麦当劳公司的欧洲区总裁，负责管理欧洲地区的6000家麦当劳餐厅。

可以说，查理·贝尔的一生充满了传奇色彩。他不仅是麦当劳历史上第一位非美籍CEO，也是近年来餐饮业中少有的亲自站过柜台的董事长。

麦当劳前主席和CEO弗雷德·特纳在一份声明中说："查

理是随着麦当劳成长的,他总是将体制放在第一位。他对人们发自内心的爱,他对生活和事业的热情会传染给每一个和他接触过的人。"贝尔的经历可以说是麦当劳公司所崇尚的从最低层一步步晋升到公司高层的典范。

贝尔经常用自己的亲身经历鼓励身边的年轻人,在北京参加麦当劳续约奥运会全球合作伙伴的新闻发布会时,他说道:"我从15岁起就在澳大利亚的餐厅兼职打工,19岁就成为澳大利亚最年轻的餐厅经理。我能做到,你们也能做到,明天的总裁就在今天的这些明星员工中间。"

贝尔成功以后,对公司充满了感激之情,2004年,贝尔被诊断出患有直肠癌。但是,他仍继续坚持为公司工作了半年多。

不幸的是,2005年1月17日,查理·贝尔在家乡悉尼去世,年仅44岁。

贝尔为麦当劳的改革与发展做出了巨大贡献。麦当劳董事会主席安德鲁·迈肯纳说:"查理·贝尔将他的一切都给了麦当劳,即使在住院和化疗期间,查理还继续以勇气和决心领导着这家公司。"贝尔的朋友和同事回忆说,贝尔很有主人翁责任感,一进公

第六章　珍惜岗位，感恩工作

司他就经常给自己的上级提建议，告诉他们应该怎样更好地管理公司。贝尔在麦当劳近30年的生涯中也以坦率直言著称，他曾说过，麦当劳现在最大的威胁就是自满，并发誓不会让这家企业变得"肥胖、愚蠢和沾沾自喜"。

安德鲁·迈肯纳曾在贝尔去世后发表声明中说："当我们为他的离去默哀时，我请求大家记住查理的家人，并记住查理在短暂一生中如何尽情诠释生命。"

贝尔用他的亲身经历告诉我们，他是如何从一个厕所清洁工一跃升为麦当劳公司的执行总裁的。所以，不要总是对目前的工作敷衍了事，既然选择了一份工作，不管是扫大街、扫厕所，还是刷碗工、建筑工人等等，都要带着感激之心踏踏实实做好自己的工作。总有一天，成功会垂青于你。

电影《卡桑德拉之梦》不知大家是否看过，影片讲述了出身普通的兄弟二人伊万·麦克格雷与科林·法布瑞尔因为欲望的膨胀，而被贪婪收买，犯下不可饶恕的谋杀之罪，最后输掉了自己的灵魂，也赔上了自己的性命。之所以叫"卡桑德拉之梦"，是由影片里面主人公伊万·麦克格雷与科林·法布瑞尔兄弟的一艘小游艇而来，他们在一次赛狗比赛中赢了很多钱，于是买了一艘游艇，取名为"卡桑德拉之梦"，这是他们梦想

的发端。

原本兄弟二人可以过着幸福的生活,但是他们不想像父亲一样平庸一辈子,而希望像母亲口中的叔叔一样事业有成,有钱有面子,而他们不清楚真正的幸福的获得需要自己的努力。由于野心的膨胀,他们赌博,最后竟然欠下9000英镑的高利贷债务。最终,他们在自己的欲望中输掉了自己的性命。

麦格雷戈出演《卡桑德拉之梦》后,《外滩画报》记者在采访他时问他:"你觉得自己和你所饰演的伊恩有什么共同之处吗?"麦格雷戈回答:"我不知道,我一直以来的梦想就是能当一个演员,没有什么其他物质要求。但我觉得我演的伊恩并不知道自己要的是什么,他总是理所当然地认为生活会变得更好。他梦想在加州建一个自己的饭店,而我的梦想就是表演,现在,我每天的工作都是在实现梦想。"

认认真真地将工作做好,一步一个脚印,踏踏实实,你就是在通向梦想的路途中!而浮躁、抱怨只会让你离自己的梦想越来越远。

在快节奏的今天,人们的生活压力不断加大,同时人们自身也变得越来越不满足于现状,变得浮躁,变得不安稳,总是想着一步登天!很多人在工作中总是抱怨:"这样的破工作,

第六章　珍惜岗位，感恩工作

什么时候才能买到房子！""这么低的工资，何时才有出头之日？"于是，时间就这样一分一秒地过去！殊不知，正是在这样的抱怨中，他们浪费了自己的生命，让实现梦想的机会距离自己越来越远！

作家王贻兴曾经说过："你答应做这个工作，就算再不喜欢，你也一定在做的那一刻好好享受。之前可以很憎恨，之后可以痛恨，但做的那一刻要很享受。"没错，不管你做什么工作，都要带着一份感激的心，工作是带给我们物质食粮的基础，是我们成就事业的起点，是让我们不断成长的渠道！唯有先从点滴开始，武装自己，丰富自己，才会有机会，有能力去实现内心那份热烈的期盼、那份美好的梦想！

所以，从手头的工作开始吧，喜欢它，热爱它，认认真真地将工作做好！一个人唯有在工作中经过不断地"浸泡"，通过不断地积累和锻炼，才能发现并塑造全新的自己，一步步走上新的台阶，塑造一份不一样的完满的人生，实现自己的人生价值！

梦想是在工作中一点点中实现的！为实现自己的梦想，创造人生的价值而努力吧！

用感恩的心迎接工作的全部

用心工作是一种难得的精神和境界,在企业里,看一个员工是否懂得感恩,看他能否用心工作就可得知,一个用心工作的员工,是一个懂得对自己负责,对企业负责的人,也必是一个懂得感恩的人。

企业需要更多的是能够用心工作的人,对待工作如对待自己的事业那般投入和虔诚,带着强烈的事业心和责任感去做事。没有一个用心工作的人会做不好事情,没有一个用心工作的人不出业绩!用心工作,应该成为每一位员工所追求的职业精神。

第六章　珍惜岗位，感恩工作

一个员工，是否能够用心工作，其结果的差别是很大的。如果不是用心工作，不是带着自己的真心、诚心、良心去做事，那么，他往往不能达成企业以及他自己预想的效果，即使真的达到，也总是感觉会差那么一点点，就像一件艺术品少了灵魂一样。而用心工作的人往往能将工作做得非常出色。

一个小和尚担任撞钟一职，半年下来，觉得无聊至极，"做一天和尚撞一天钟"而已。虽然他每天都能按时撞钟，但半年下来主持却很不满意，就调他到后院劈柴挑水，原因是他不能胜任撞钟一职。

小和尚非常不服气，问住持："我撞的钟难道不准时、不响亮吗？"

老住持耐心地告诉他："你撞的钟虽然很准时，也很响亮，但钟声空泛、疲软，没有感召力。钟声是要唤醒沉迷的众生的，因此，撞出的钟声不仅要洪亮，而且要圆润、浑厚、深沉、悠远。而我却没有听到这样的声音。"

小和尚不过是"做一天和尚撞一天钟"而已，并没有融入一颗"唤醒众生"的心。这样撞出来的钟声自然不能达到老住持所要求的效果。

对待我们的工作也是一样的，如果只是抱着"做一天和尚撞一天钟"的心态工作，不仅对个人的进步无益，对企业的发展也无益，关键时刻甚至会使得企业蒙受巨大的损失。

用心工作，才能将工作做到位，才能对工作中的每一件小事都精益求精。在单位中，一个用心工作的人，不仅为企业创造了价值，同时他还实现了个人的价值，得到领导的关注和认可，升职加薪更是自然的事情，没有哪个领导会不喜欢用心工作的员工。

齐瓦勃出生在美国乡村，由于家境贫寒，他很早就辍学，几乎没有受过什么像样的学校教育。辍学后他便出来打工，给人做一些零活。一个偶然的机会，齐瓦勃看到钢铁大王卡内基所属的一个建筑工地在招工，就这样，他成了建筑工地的一名工人。建筑领域的工作，齐瓦勃从来没有接触过，所以这份工作对他来说还是有着一定难度的。但是从踏进建筑工地的那一天起，齐瓦勃就抱定了要做同事中最优秀的人的决心。当其他人在抱怨活儿累挣钱少而消极怠工的时候，齐瓦勃却非常敬业，默默地做事，而且做得非常带劲，他觉得这是他积累经验的好时候。同时，他还利用工作之余的时间自学建筑、管理方

第六章　珍惜岗位，感恩工作

面的知识。

　　一个晚上，工友们都在闲聊，唯独齐瓦勃一个人躲在角落里静静地看书。那天恰巧公司经理到工地检查工作，经理看了看齐瓦勃手中的书，又翻开他的笔记本，问他："建筑工作已经很累了，怎么还读这些书呢？"原来当时齐瓦勃读的是一本管理方面的书籍。齐瓦勃说："我知道，我们公司能干的人很多，但那些既有工作经验、又有专业知识的技术人员或管理人员却十分紧缺，我之所以看这类书就是希望自己朝着更高的方向努力。而且我把这份工作当成自己的事业来做，当然希望把它做到非常好。"经理听了十分高兴，没再说什么就走了。不久，齐瓦勃就被升任为技师。

　　用心工作，将自己的工作当成自己的事业来对待，这是齐瓦勃一直坚持的信念。正是这种信念让他不懈努力，在自己的工作岗位上尽职尽责，没多久，齐瓦勃就升到了总工程师的职位。在他25岁那年，齐瓦勃当上了这家建筑公司的总经理。

　　当时，卡内基的钢铁公司有一个叫琼斯的天才的工程师兼合伙人，在筹建公司最大的布拉德钢铁厂时，琼斯发现了齐瓦

勃超人的工作热情和管理才能。当时身为总经理的齐瓦勃,每天都是最早来到建筑工地。当琼斯问齐瓦勃为什么总来这么早的时候,他回答说:"只有这样,当有什么急事的时候,才不至于被耽搁。"

齐瓦勃的工作态度赢得了琼斯的认可和好感,布拉德钢铁厂建好后,琼斯便提拔齐瓦勃做了自己的副手,主管全厂事务。后来,在一次事故中,琼斯不幸丧生,齐瓦勃便接任了厂长一职。几年后,齐瓦勃被卡内基任命为钢铁公司的董事长。

从一名工地的工人成长为董事长,一路走来,齐瓦勃靠的是用心工作,将工作当成自己的事业来对待的负责的态度和非凡的热情,于是,他取得了自己事业的成功。如果我们每个人都有齐瓦勃的工作精神,我想我们也会最终走向成功的!

用心工作,将工作当成自己的事业来对待,首先要求我们对工作有一种热爱,以饱满的精神状态投入工作。这样在工作中才会不畏艰难险阻,勇往直前。

用心工作,将工作当成自己的事业来对待,这样的工作态度让我们能够时时处处为公司考虑,思考并规划公司的未来,使公司发展呈欣欣向荣之势。

第六章　珍惜岗位，感恩工作

用心工作，将工作当成自己的事业来对待，这样的工作态度让我们能够做好每一件小事，注重细节，将工作做得尽善尽美。

微软公司董事长比尔·盖茨说："如果只把工作当作一件差事，或者只将目光停留在工作本身，那么即使是从事你最喜欢的工作，你依然无法持久地保护对工作的热情。但如果把工作当作一项事业来看待，情况就会完全不同。"

IBM创始人托马斯·约翰·沃森说："如果你想做到出色，你就一定能够做到。只要从你有这个想法的一刻开始，停止再做碌碌无为、草草了事的工作。"

石油大王洛克菲勒说："如果你视工作是一种乐趣，人生就是天堂。如果你视工作是一种义务，人生就是地狱。"

比尔·盖茨、托马斯·约翰·沃森、洛克菲勒，这些人之所以在事业上取得巨大的成功，与他们上述的工作态度是密不可分的。所以，让我们用心工作吧，将工作当成自己的事业来对待，只要坚持下去，我相信，总有一天，我们也会成为成功人士中的一员！

对工作心怀感恩

　　企业是员工的幸福家园,企业为每一位员工提供了良好的工作环境,提供了施展自我才华、实现自我价值的平台,每一位员工都应该感谢企业,做好自己的本职工作,完成工作上的各项任务,怀着感恩的心为企业献上自己的智慧。

　　有一位企业家说:"经历了这么多年的风风雨雨才发觉如果一个员工有能力,就会是一个可用之才;如果一个人懂得感恩,就会是一个优秀的员工;如果一个员工既有能力又有感恩的心,那么可以把工作放手交给他去做,因为这样的员工不会找借口来搪塞自己的职责,也不会做任何表面工作来欺

第六章 珍惜岗位，感恩工作

骗老板。他们会珍惜一切，善待别人，并认为努力工作是对公司、对事业最好的回报，也是对自己和他人最好的情感表达方式。"

没有哪一个老板会拒绝一个懂得感恩的员工！认认真真做好自己的本职工作，是一位员工感恩精神的最基本体现。

希尔顿饭店的客户服务部经理莉莎·格里贝当初到饭店应聘的时候，职位一栏她填写的是职员，然而，入职以后，她却被安排到洗手间工作，对此，她非常不满，一度情绪低落。她觉得这样的工作是非常卑微的，觉得在洗手间工作总低人一等。

但通过一段时间的工作实践之后，她开始认识到工作没有高低贵贱之分，每一份工作都关系到酒店的服务质量和整体形象。从此她工作认真，服务热情周到，许多客人在接受她的服务之后，都交口称赞。因此，她被誉为酒店的榜样。

她出色的工作表现，为酒店赢得了很多顾客，不久她被提升为客户服务部经理，更大地拓展了事业的平台。

无论我们从事的是怎样的工作，都应该把它做好，这是对每一位员工的最基本的要求。试想，如果一个员工连自己的本职工作都做不好的话，更何谈其他的工作呢？任何事情的成功

都是一步步积累而来的，正所谓不扫一屋，何以扫天下？一个人唯有兢兢业业，做好自己的本职工作，克服浮躁的心态，才能赢得机会，不断进步，做成更大的事业！正像齐格勒曾经说过的那样："如果你能够尽到自己的本分，尽力完成自己应该做的事情，那么总有一天，你能够随心所欲地从事自己想要做的事情。"

"人管好自己就是对社会尽到了责任。"将这一点放到工作上来说，做好本职工作便是一位员工良好自我管理的最基本体现。这也是每一位员工义不容辞，责无旁贷的！

第一，做好自己的本职工作，就要从态度上重视自己的工作。

"思想决定行动"，正确的思想是我们行动的最佳指南。不管什么时候，只要我们还在工作岗位上，就要全心全意地将我们的本职工作做好，这也是我们获得个人成长和进步的重要途径。纵观古今伟人的成长旅程，我们不难看到，哪一个伟人不是从自己的本职工作做起，从身边点滴做起，最后才脱颖而出、成就辉煌的？工作为我们提供了施展自己才能不断进步的舞台，从态度上重视自己的工作，从行动上做好自己的本职工作，这是我们不断成长、走向成功的必要途径。

北京山区邮递员刘福庆，1985年1月参加工作，在清水邮

第六章 珍惜岗位，感恩工作

政所至灵山风景区段送邮26年，月薪2000元。所负责邮路长16公里，平均海拔1000米以上，海拔最高处为2203米。因山路陡峭，坡度大，80%左右路段需推车步行完成。每日走完16公里邮路需三小时以上，正常情况下所载邮件约30公斤，26年来，完成邮件运送数十万件，无一差错。"送邮件对我们来讲只是工作，但对于订户是一份等候，甚至事关重大，不能因为我们的不负责受到影响。"刘福庆说，"我喜欢邮递员这份工作，喜欢骑车在山里跑。还有10多年退休，我愿意一直骑到骑不动的那一天。"

这样认真的工作态度、负责的工作精神和对工作的热爱与执着使得刘福庆深受客户的尊敬和信赖！将一份邮递员的工作做到这样的高度，我想他已经非常成功了！

第二，做好自己的本职工作，就要不断学习，不断提高自身素质和知识技能。现代社会科技飞速发展，知识日新月异，如果我们只固守着自己以往的那点知识，不追求提高和进步，不能用发展的眼光审视自己，用与时俱进的素养去获得继续飞翔的翅膀，那么总有一天，我们会被这个社会所淘汰。工作上的进步和提高离不开我们的学习和知识的更新和积累，唯有抱着终身学习

的态度，在工作上我们才能获得不断成长，不断提升！

　　一个老人在河边钓鱼，一个小孩走过去看他钓鱼，老人技巧纯熟，所以没多久就钓上了满篓的鱼，老人见小孩很可爱，要把整篓的鱼送给他，小孩摇摇头，老人惊异地问道：你为何不要？小孩回答："我想要你手中的钓竿。"老人问："你要钓竿做什么？"小孩说："这篓鱼没多久就吃完了，要是我有钓竿，我就可以自己钓，一辈子也吃不完。"

　　乍一听，好像这个小孩很聪明。然而，非也。如果这个小孩只是要钓竿，而不学习钓鱼的技巧，那他一条鱼也吃不到。因为不懂钓鱼的技巧，光有鱼竿是没用的，钓鱼重要的不在"钓竿"，而在"钓技"。工作中的我们是不是也常常像那位孩子一样呢，觉得自己拥有了人生道上的钓竿，前方的路上发生任何事情都不会惧怕了。这样的心态常常使得我们前方的路走得很艰难，也难免会跌倒，甚至摔得很惨。所以不管何时，都不能放弃学习，学习让我们提高，让我们成长，让我们习得技能。

　　第三，做好自己的本职工作，勤奋，努力是必不可少的，这是提高工作业绩的重要条件。

　　老刘是个退伍军人，几年前经朋友介绍来到一家工厂做仓

第六章　珍惜岗位，感恩工作

库保管员，虽然工作不繁重，无非就是按时关灯，关好门窗，注意防火防盗等等，但老刘却做得超乎常人的认真，他不仅每天做好来往的工作人员提货日志，将货物有条不紊地码放整齐，还从不间断地对仓库的各个角落进行打扫清理。

三年下来，仓库居然没有发生一起失火失盗案件，其他工作人员每次提货也都会再最短的时间里找到所提的货物。就在工厂建厂20周年的庆功会上，厂长按老员工的级别亲自为老刘颁发了奖金5000元。好多老职工不理解，老吴才来厂里三年，凭什么能能够拿到这个老员工的奖项？

厂长看出的大家的不满，于是说道："你们知道我这三年中检查过几次咱们厂的仓库吗？一次没有！这不是说我工作没做到，其实我一直很了解咱们厂的仓库保管情况。作为一名普通的仓库保管员，老刘能够做到三年如一日地不出差错，而且积极配合其他部门的人员的工作，对自己的岗位忠于职守，比起一些老职工来说，老刘真正做到了爱厂如家，我觉得这个奖励他当之无愧！"

勤奋、努力，踏踏实实做好自己的本职工作，你的努力会得到认可的！而你的业绩也在不知不觉中得到了提高。

将我们的感恩之情化为具体的行动，兢兢业业做好自己的本职工作，这是我们人生一笔巨大的财富！